京都 和菓子めぐり

鈴木宗康
鈴木宗博
著

淡交社

京都 和菓子めぐり 目次

はじめに

京都ではお客様にお茶を出すとき、よく和菓子が使われます。

冠婚葬祭《かんこんそうさい》のみならず、和菓子そのものが身近にあるため、普段からよく買いに行く馴染《なじ》みの和菓子屋があります。店先のガラスケースに並ぶ季節の和菓子や、餅菓子屋で餅菓子以外に赤飯を買ったりなど、近所に大型スーパーがあっても、老舗《しにせ》の和菓子屋で買われる方が多くいます。

宮中行事で使われていた菓子、神社仏閣へ納める菓子、茶席で用いられる四季折々の菓子、門前菓子として親しまれてきた菓子、みやげものとしての菓子など、京都には長い歴史の中で、それぞれの特色をもった菓子舗が多数存在しており、多くの人が幼い頃から和菓子に馴染んでいるのです。

本書は平成十一年（一九九九）に発行した、父である故・鈴木宗康著『京・銘菓案内』を改訂したものですが、改訂にあたり見直してみると、残念なことに当時から七軒ほどのお店が閉店されており、菓子以外でも伝統を守っている老舗が多い京都は、後継者問題が深刻になりつつあると感じます。

老舗から伝統を引きつぎ、新しく生まれた店もありますが、これからも多くの人に愛されている京都のよきものが一つでも減ることなく、次の世代へと受けつがれて欲しいものであります。

本書は『京・銘菓案内』で、父が書いた文章を活かしつつ、全ての写真を新たに撮影し、より見やすく、お店も探しやすい本になったのではないかと思います。

また、掲載された菓子舗以外にも京都市内にはまだまだ約八倍以上の和菓子の店がございます。ぜひ京都の街を歩くときは、色々なお店で、色々な京菓子を発見してください。本書が、京都を訪れる方だけでなく、京都にお住まいの方や、京菓子に興味のある方、この本を機に興味をもたれた方にとって、お店やお菓子選びをするきっかけになれば幸いでございます。

皆様が美味しい京菓子に出会い、至福のひとときを楽しまれることを心よりお祈りいたします。

鈴木宗博

●本書は、平成十一年に小社より刊行した『京・銘菓案内』をもとに写真を新規撮影し、再編集したものです。

●本書に掲載したデータは平成二十六年二月現在のものです。掲載商品の内容は変更される場合があります。また、商品の価格は、平成二十六年二月現在での四月以降の予定価格です。ただし、※のついているものは、二月現在の価格ですので、詳細は各店舗にお問い合わせください。

●店名・地名・駅名をはじめ固有名詞の表記について、現行の表記にあわせ、一部慣用的な漢字を用いました。

●各店舗の出店情報は、直営店のほか、京都市内の百貨店やみやげもの売店などを中心に掲載しています。京都駅周辺売店（ジェイアール京都伊勢丹、京都駅ビル専門店街ザ・キューブ、京都駅前地下街ポルタ、京都駅新幹線改札内売店、八条口アスティロードなど）については巻末（185頁）にまとめて一覧を掲載しました。

葵家やきもち総本舗

あおいややきもち
そうほんぽ

京の北、賀茂《かも》川ぞいに、上賀茂《かみがも》神社がある。正式には賀茂別雷《わけいかづち》神社といい、賀茂川と高野川の合流点にある下鴨《しもがも》神社（賀茂御祖《みおや》神社）とあわせて賀茂社と呼ぶ。

上賀茂神社は神事、祭事が多く、一月七日の白馬奏覧《はくばそうらん》神事、四月三日の土解《とげ》祭、五月五日の賀茂競馬《くらべうま》、五月十二日の御《み》阿礼《あれ》神事、五月十五日の葵祭、九月九日の烏相撲《からすずもう》はよく知られている。

伊勢神宮に準ずる待遇の賀茂社は歴代天皇の行幸、公家、武家の信仰も篤く、特に徳川家康は家紋の三葉葵が神紋に似ているところから特別に崇敬した。

この神紋は葵祭の祭使の衣冠や車の意匠にも使われており、葵家の紋も二葉葵となっている。葵家は上賀茂神社御用達の和菓子屋で、その代表名菓の**やきもち**は、小豆あんの入った丸餅で、両面に焼き目がついている。この葵家やきもちはひとつずつ包装されている。店は上賀茂神社のバス停の真前にある。

〒603-8047 北区上賀茂神社鳥居前
☎075-781-1594

定休日：年中無休
営業時間：7:30～18:00
地方発送：有
駐車場：有（3台）
アクセス：市バス「上賀茂神社前」下車すぐ
出　店：京都髙島屋、京都駅周辺売店（P.185）、阪神梅田本店

良質の江州米と大納言のあんを使った「やきもち」。1個125円(税込)。

贈答用には箱入のものもある。1箱10個入1350円(税込)。

阿闍梨餅本舗 満月

あじゃりもち ほんぽまんげつ

初代彌右衛門が安政三年（一八五六）に京都洛北の地、出町橋東詰に店を出して九條家御用を賜《たまわ》り、明治初期、**満月**という焼菓子を作り出した。中秋の名月を思わせるまん丸の美しい卵色の肌で、白小豆を入れた上品で風格のある姿と味をもつ菓子である。

阿闍梨餅は、もち粉と卵と砂糖をあわせて皮にし、つぶあんを入れている。あんの入っているところが少し盛りあがっている。あっさりした甘さでもっちりした歯ごたえが何ともいえず、おいしい。乾燥しないように包装されているが、少し固くなっても、火であぶるとまたおいしくいただける。

阿闍梨とは梵語《ぼんご》で阿闍梨耶（Acarya）の略で天台宗、真言宗で称する僧の学位である。この修行は普通ではなく、風雨の日も、定まった千日間決まったコースの勤めを終えねばならないきびしいおきてがある。比叡山《ひえいざん》の山嶽宗教のひとつの規則である。服装も白麻の狩衣《かりぎぬ》、野袴《のばかま》に脚絆《きゃはん》、わらじ、檜《ひのき》を薄くして編んだ蓮の葉の形の笠である。

［本店］

〒606-8202 左京区鞠小路通今出川上ル

☎075-791-4121

定休日：水曜日（不定休）　営業時間：9:00〜18:00
地方発送：有　駐車場：有（7台）
アクセス：市バス「百万遍」より徒歩約2分、京阪「出町柳」駅より徒歩約10分
出店：清水産寧坂店、京都・洛西・大阪髙島屋、大丸京都・山科・梅田・心斎橋店、ジェイアール京都伊勢丹、京都駅周辺売店（P.185）、阪急うめだ本店、あべのハルカス近鉄本店、ほか全国百貨店

中秋の名月を思わせる「満月」。1箱3個入810円(税込)～。

餅製の生地が味わい深い「阿闍梨餅」。1個108円、1箱10個入1188円(すべて税込)。

粟餅所・澤屋

あわもちどころ・さわや

北野《きたの》というのは平安京大内裏《だいだいり》の北にあたる野という意味で、紫野《むらさきの》や平野《ひらの》とともに京都七野のうちに数えられる。天神さんの人気も弘法《こうぼう》さんに劣らない。

延喜三年（九〇三）二月二十五日、菅《すが》原《わらの》道真《みちざね》公が没した。その命日が毎月の縁日で、境内の沿道に露店が立ち並ぶ。

その北野天満宮の門前に北野名物粟餅所がある。この店は古く『毛吹草《けふきぐさ》』に「山城名物北野粟餅」とあり、その後、江戸中期に嵯峨野から出てきた与惣兵衛じいさんが、自作の粟を材料に粟餅を作った。これを北野天満宮の境内で売り出すと、粟の黄色い香りに味わいがあってかえって好評を得た。天和二年（一六八二）、当時の神幸道あたり、亀の松樹の下に杉《すぎ》皮葺《かわぶき》の屋根に葭《よし》張《ば》りという体裁で茶店を出し、現在に至っている。

粟餅は粟を蒸して搗《つ》いて作ってあり、あん餅ときなこ餅の二種ある。お客さんの顔を見てから作ってくれる。すぐに固くなるので、その日のうちに食べた方がよいが、店でいただくのが一番おいしい。

〒602-8384 上京区北野天満宮前
西入南側
☎075-461-4517

定 休 日：木曜日、毎月26日
営業時間：9:00～17:00（売り切れ次第閉店）
地方発送：無
駐 車 場：無
アクセス：市バス「北野天満宮前」下車すぐ
出　　店：無

素朴でどこかなつかしい味がする「粟餅」。1人前3個450円、5個600円（すべて税込）。

お持ち帰り用1箱10個入1200円（税込）。お持ち帰り用はあん餅6個ときなこ餅4個だが、数を逆にするなど、希望を聞いてくれる。

一和

いちわ

紫野大徳寺《だいとくじ》の北西に今宮《いまみや》神社がある。この社の参道に向かいあわせに二つの茶店がある。北側が「一和」、南側が「かざりや」という。かざりやの創業は、江戸時代と伝え、一和は長保二年（一〇〇〇）におこったといわれる。

あぶり餅は青竹を細く割って、先に指頭大の白餅をつけ、きなこをつけてあおぎながら、炭火であぶる。それに白味噌をといたものをつけて食べる。すこぶる野趣《やしゅ》に富んだめずらしい餅である。

昔からの菓子で、砂糖のない頃のものだけに、あんを使っていないので、甘党、辛党ともに好まれる。

はじめは今宮の小団子といったり、勝の餅ともいわれた。一条天皇のとき、悪《あく》疫《えき》が流行した際に天皇が紫野の疫神を再興され、疫病が退散したという。庶民は社に詣《もう》で、厄除《やくよ》けにあぶり餅を供え、家に持ち帰って一同でこれを食べたという。

〒603-8243 北区紫野今宮町69
☎075-492-6852

定休日：水曜日（1日・15日・祝日の場合は営業、翌日休）
営業時間：10：00～17：00頃
地方発送：無
駐車場：無（タイムパーキング有）
アクセス：市バス「今宮神社前」より徒歩約3分
出店：無

香ばしいにおいがたちこめる「あぶり餅」。1人前500円（税込）。お持ち帰り用は3人前1500円（税込）～。

店先では餅が炭火であぶられる様子も見られる。

井筒八ッ橋本舗《いづつやつはしほんぽ》

歌舞伎《かぶき》「廓文章《くるわぶんしょう》」は夕霧《ゆうぎり》になじんで親から勘当されている身の上の伊左衛門が、師走に夕霧を訪れ、阿波《あわ》の大尽《だいじん》と懇《ねんごろ》になるという夕霧をなじるが、やがてその真心がわかる。折よく勘当が許され、身請《みうけ》の金が届けられるというあらすじである。井筒八ッ橋本舗の**夕霧**は、この話にちなんだ銘菓であり、なま八ッ橋を編笠状に二つに折り、小倉あんがはさんである。

ほかになま八ッ橋にあんをはさんだ菓子に**夕子**、三笠《みかさ》生地とつぶあんの間になま八ッ橋をつつんだ**井筒の三笠**など多種ある。

井筒八ッ橋の由来書には、琴の名手八橋検校《やつはしけんぎょう》が茶店の主人岸の治郎三に毎朝、井筒から洗顔用の水を汲んでもらっていたが、物の心を大切にし、粗末にできない検校は、手桶の底から小米ととぎ汁をとり、これを挽《ひ》いて蜜や桂皮《けいひ》末を加えて堅焼煎餅《せんべい》を作ることを教えたとある。それが検校の名をとって「八ッ橋」と呼ばれるようになったという。

[祇園本店]

〒605-0079 東山区川端通四条上ル

☎075-531-2121

定 休 日：年中無休　営業時間：10：00～21：00

地方発送：有　駐 車 場：無

アクセス：市バス「四条京阪前」より徒歩約2分、阪急「河原町」駅より徒歩約5分、京阪「祇園四条」駅より徒歩約2分

出　　店：嵯峨野店、追分店、京極一番街、新京極店、三条店、清水店、嵐山駅店、京都・洛西髙島屋、ジェイアール京都伊勢丹、京都駅周辺売店（P.185）

※祇園本店、京極一番街に喫茶スペース有

歌舞伎「廓文章」にちなみ、編笠に仕立てた「夕霧」。ニッキ・ゆず詰合せ1箱5個入1000円（税抜）〜。

箏曲八橋流の祖、八橋検校にちなんだ「井筒八ッ橋」は京都を代表する銘菓として今に伝えられる。1箱48枚入600円（税抜）〜。

能登椽 稲房安兼

いなふさやすかね

京都の南、宇治《うじ》は茶処として有名。京阪宇治で電車を降り、宇治橋を渡って、平等院《びょうどういん》の参道に入ると、両側にお茶屋が立ち並ぶ。新茶が出る季節になると、お茶のよい香りがただよってくる。

このお茶屋の中に、御菓子司能登椽《のとのじょう》稲房安兼がある。嘉永二年（一八四九）御室《おむろ》御所より「能登椽　稲房安兼御免の事」とお墨書を賜《たまわ》っており、また「御室御所御定書」を毎年正月に店にかざっている。

茶のだんごは糝《しん》粉に抹茶をまぜ、蒸して指先ほどの大きさに丸めたもの。やわらかいほうがおいしいので、できるだけ早くいただくとよい。茶の香りが高く、あっさりとした甘さである。

ほかに郷土菓**喜撰山**《きせんやま》、**茶あめ**、抹茶入り金平糖《こんぺいとう》の**宇治のつゆ**など、どれも茶を使っている。

喜撰山は宇治にある喜撰法師ゆかりの山の焼印を入れた、白蜜と抹茶の菓子で、サクサクと香ばしい。

〒611-0021 宇治市宇治蓮華11
☎0774-21-2074

定休日：木曜日、第3水曜日（祝日の場合は営業、翌日休）
営業時間：9:00～18:00
地方発送：無
駐車場：有（1台）
アクセス：京阪「宇治」駅またはJR「宇治」駅より徒歩約10分
出店：無

「茶のだんご」。賞味期限は当日を含め2日間(夏季は当日中)。1箱54粒入710円(税込)。

「喜撰山」。抹茶は新緑、白は宇治の朝露をあらわしている。12枚入1000円(税込)。

植村義次

うえむらよしつぐ

烏丸《からすま》丸太町《まるたまち》を西に少し入った、御所の近くにある植村義次は明暦三年（一六五七）に創業して以来、一子相伝で受けつがれ、十四代目という老舗《しにせ》。棹《さお》物《もの》の洲浜《すはま》を創業以来作っている。

洲浜は精選した大豆の粉と砂糖と水飴をねりあげて円筒形にした生地を、三本の棹で島台形にした素朴な菓子。この洲浜の切り口の形は、有職《ゆうそく》の洲浜台や島台に由来し、蓬莱山《ほうらいさん》、秋津島《あきつしま》をあらわすともいわれている。

文政十三年（一八三〇）の『嬉遊笑《きゆうしょう》覧《らん》』には「すはまは洲浜にて其形によりての名なり、もと飴ちまきなり。麦芽大豆を粉にしてねり、竹皮に包みたる物なり、又豆飴ともいうなり、今も大豆粉を飴にて煉り、茶食とするもの是なり」と書かれている。

春日《かすが》の豆は洲浜地をあっさりひねっておたふくをかたどり、丸太町通の古名春日小路にちなんで、名づけられた。洲浜の風味が何ともいえずおいしい。製造より七日以内に賞味。

〒604-0867 中京区丸太町通烏丸西入南側
☎075-231-5028

定休日：日曜日、祝日
営業時間：10:00〜17:00
地方発送：無
駐車場：無
アクセス：地下鉄「丸太町」駅下車すぐ
出店：無

●洲浜は２日前までに要予約。春日の豆は予約のみではないが、品切れの場合も有

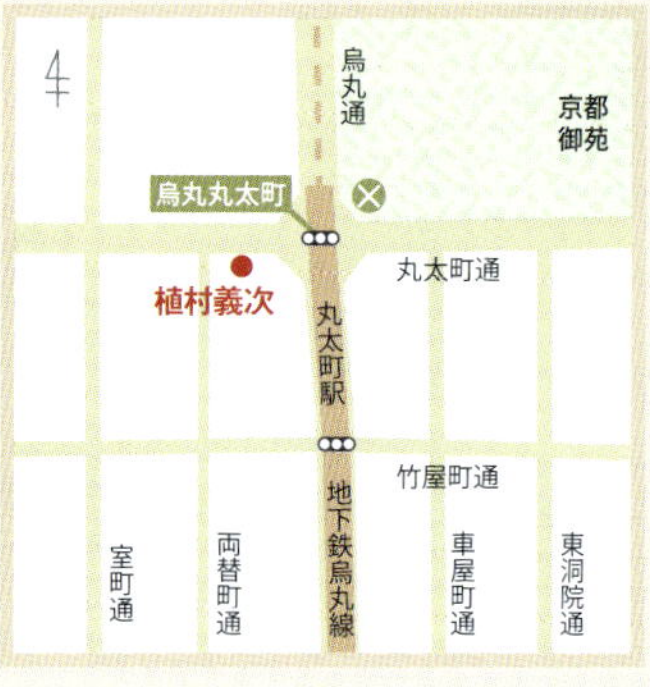

浜辺や入江の姿をかたどった「洲浜」。しっとりとした歯ごたえのある味。1棹700円（税込）※。

豆の洲浜として親しまれている「春日の豆」。滋味のある飴の甘さと大豆の香りがすばらしい。1箱500円（税込）※～。

老松

おいまつ

北野天満宮のすぐ近く、古い京の町並みを残す北野上七軒《かみしちけん》に、菅原道真《すがわらのみちざね》の「老松の社」にちなんで、松の節操、長寿にあやかって名づけられた老松がある。

その老松の由緒書には「宮廷祭祇官卜《うら》部《べ》家の流れをくみ、先祖は菓祖神田道間《たじま》守《もり》を摂社にもつ吉田神社の祭神 天児屋《あめのこや》根命《ねのみこと》に発する」とあり、代々朝廷に伝わる儀式・典礼の際の神事を司《つかさど》ってきた。その流れをくみ、原料を特選し、伝統の技術をもって謹製している。

この**御所車**《ごしょぐるま》は粒よりの小倉あんを白雪糕《こう》でつつみ、御所車の紋がおしてある。銘から平安京の都大路を思わせ、茶菓子としても使いよい。

また山人艸果《さんじんそうか》の**夏柑糖**《なつかんとう》は、萩や和歌山でとれた夏みかんをひとつひとつ手作りしたもので、京の夏に涼風を呼ぶ水菓子である。

ほかにも、徳島産の金柑《きんかん》を約十日間蜜漬けにしてから、すり蜜をつけた**橙糖珠**《だいとうじゅ》など、果物を原料とした菓子をさまざま作っている。

[北野店]

〒602-8395 上京区北野上七軒

☎075-463-3050

定休日：不定休　営業時間：8:30～18:00

地方発送：有（商品による）　駐車場：無

アクセス：市バス「上七軒」「北野天満宮前」より徒歩約7分

出店：嵐山店、大丸京都店、京都駅周辺売店(P.185)、JR大阪三越伊勢丹、伊勢丹新宿店

※嵐山店に茶房有。北野店、嵐山店では菓子教室も行っている

いにしえの京の都を思わせる銘の「御所車」。1箱12個入1200円（税抜）。

自然の味をそのまま生かした「夏柑糖」。1個1200円（税抜）。

おせきもち

おせきもち

国道一号線ぞい、城南宮《じょうなんぐう》の近くにある。

江戸時代、鳥羽《とば》街道の茶屋に「おせき」という娘がいて、よく搗《つ》いた餅を編笠の裏に並べて旅人に供した。おせきの真心のこもった餅は旅人をなぐさめ、大変評判になったため、名物餅として長く商われ続けてきたという。

慶応四年（一八六八）の鳥羽伏見の戦いでこのあたり一帯は戦場となり、多くの民家が焼き払われたが、昭和七年（一九三二）の国道敷設とともに、今の場所に店を移した。約四五〇年の歴史をもつ**おせきもち**は、コシの強い餅の上に、あっさりとした丹波大納言《たんばだいなごん》のつぶあんがのった素朴な風味のあんころ餅。餅はよもぎ入りと二種類ある。材料そのものの味を生かすために、手のこんだ加工を避けており、日もちはしない。

ほかに、まろやかなこしあんでつつんだ**特選おはぎ**もある。いずれも店内ではお茶とセットで楽しめ、昔の茶屋の風情と変わらず今も城南宮参拝帰りの人々やドライバーに愛されている。

〒612-8463 伏見区中島御所ノ内町16
☎075-611-3078

定休日：月曜日、火曜日（冬期と夏期に臨時休業有）
営業時間：8:30〜18:00　地方発送：無
駐車場：有（20台）
アクセス：市バス「城南宮東口」より徒歩約6分または「城南宮前」より徒歩約3分、車で名神高速南インターをおりて国道1号線大阪寄り100メートル
出　店：無
●電話予約でとりおきができる

口の中でほどける大納言の風味と、餅のしっかりとした歯ごたえを楽しめる「おせきもち」。1人前2個300円、3個400円、5個600円（すべて税抜）。

飽きのこない自然な風味の「特選おはぎ」。1人前1個400円、2個800円（すべて税抜）。おせきもち同様お持ち帰り用もあるが、当日中に賞味すること。

鍵善良房

かぎぜんよしふさ

四条通を花見《はなみ》小路《こうじ》から西へ少し行くと、ガス燈の街燈がのれんとぴったりあった鍵善がある。店先には打物《うちもの》の型がズラリと並び、いつも観光客でにぎわい、舞妓の姿が見られるのがこの店らしい。

江戸時代中期に創業した店で、戦後一時店を閉めていたが、間もなく、伝統の菓子が復活され、名物くずきりも食べられるようになったのである。

くずきりは、細長く切った葛を輪島塗の器の下段に氷片とともに入れてつめたく冷やし、上段の黒蜜または白蜜につけていただく。平成十年（一九九八）に改築され、一階奥で賞味できる。

菊寿糖《きくじゅとう》は和三盆《わさんぼん》を使った押物《おしもの》の干菓子。和三盆の色そのままで、淡黄色の小さい菊花の形が美しい。甘いがしつこくなく、口の中に入れるととろけるような感じがする。菊の露を飲んで命長らえ、不老不死になったという菊慈童《きくじどう》の話や、着綿《きせわた》の伝説のように、長寿の花と神聖に見立てている。

[四条本店]

〒605-0073 東山区祇園町北側264

☎075-561-1818

定 休 日：月曜日（祝日の場合は営業、翌日休）
営業時間：9:00～18:00
　　　　　[喫茶]9:30～18:00（LOは17:45）
地方発送：有（くずきり以外）　駐 車 場：無
アクセス：市バス「祇園」「四条京阪前」より徒歩約3分、京阪「祇園四条」駅より徒歩約5分
出　　店：高台寺店（水曜日休）

※本店近くに「ZENCAFE ＋ Kagizen GiftShop」有

店内の喫茶のみで販売されている「くずきり」。1人前950円（税込）。

小さな花弁を打ち出した美しい菊花の押物「菊寿糖」。28個入1500円（税込）。

百万遍 かぎや政秋

かぎやまさあき

元禄九年（一六九六）に鎰《かぎ》屋《や》延《のぶ》秋《あき》が創業した。その分家として大正九年（一九二〇）に東山安井にて鎰屋政秋が店をかまえた。その後、昭和五年（一九三〇）に百万遍《ひゃくまんべん》に移り、現在に至っている。

黄檗《おうばく》は粟羊羹《あわようかん》にきなこをまぶした香ばしい三角形の菓子。口あたりがよく、だいたい五日ほど日もちする。「黄檗」の名は宇治黄檗山の黄檗《きはだ》（落葉樹、幹の内皮が黄色）にちなむ。

ときわ木は昔からある上品な菓子だ。松の木はだを思わすこの菓子は一粒選りの小豆を炊き、薄くのばし、短冊に切って、ほいろ焼きにしたもの。日もちは、二週間ほどである。

そのほか、**野菊**がある。野菊は、豆落《らく》雁《がん》にアーモンドをまぜたかわいい小さな菊形の干菓子で、若い人に人気がある。冬場は一ヶ月ほど日もちがする。

〒606-8301 左京区百万遍角
☎075-761-5311

定休日：日曜日
営業時間：9:00～18:00
地方発送：有
駐車場：無
アクセス：市バス「百万遍」より徒歩約1分、京阪「出町柳」駅より徒歩約8分
出店：大丸京都店、京都駅周辺売店（P.185）

「ときわ木」。老松を思わせる風趣は茶の心に通じる。1箱9個入1000円（税抜）～。

地中海アーモンドを入れた落雁「野菊」。口に入れるとほろっとくずれ、アーモンドの豊かな香りがひろがる。1箱15個入600円（税抜）～。

柏屋光貞

かしわやみつさだ

行者餅《ぎょうじゃもち》は、祇園祭の「役行者山《えんのぎょうじゃやま》」にちなむ菓子で、毎年難修苦行の大峰山修験を終え、斎戒沐浴《さいかいもくよく》して独自の法をもって作り、年に一度巡行の宵山《よいやま》、すなわち七月十六日に限って販売される。役行者山へのお供えは、二十三日に行う。

この菓子は、大麦粉に少量の砂糖を加え、十八センチ×十二センチほどの楕円形に薄くのばして焼き、三センチ角の白餅の上に山椒《さんしょう》味噌を絞り込み、袱紗《ふくさ》にたたんだものである。

利休居士の好まれたふのやきも、このように小麦粉をのばして山椒味噌をつけたものと伝えられるから、つくり菓子(砂糖で甘味をつけるようになった)以前の古い時代のごく自然な味わいの菓子といえる。この行者餅は、七月十日までに予約がいる。

二月の節分会に作る**法螺貝餅**《ほらがいもち》は、もともと聖護院《しょうごいん》門跡のお菓子だが、戦後まもなく、節分護摩供《ごまく》の供用菓子として一般にも販売されるようになった。

ほかには四季折々の生菓子や、景色からかたどった**音羽山**《おとわやま》、キューブ形のかわいらしい寒天菓子**おゝきに**などがある。

〒605-0812 東山区東大路通松原上ル4丁目
☎075-561-2263

定 休 日：日曜日
営業時間：10:00～18:00
地方発送：有
駐 車 場：無
アクセス：市バス「東山安井」下車すぐ
出　　店：無

大麦粉を使ったクレープ状の焼皮に白餅と山椒味噌を入れてつつんだ「行者餅」。1個350円（税抜）。

「おゝきに」。プレーン、ゆず味、黒糖味、梅味の4種類に、季節の干菓子がそえられている。1箱1100円（税抜）。

金谷正廣菓舗

かなやまさひろかほ

金谷正廣菓舗は真盛豆《しんせいまめ》ひとすじの老舗《しにせ》である。安政三年（一八五六）創業、代々が金谷正廣を名のっている。

この**真盛豆**は足利中期、天台真盛宗の開祖で、聖僧といわれた慈摂大師《じしょうだいし》（真盛上人）が、香ばしく炒った黒豆の表面に、大根の葉を乾燥して挽《ひ》いた粉をまぶして作ったものといわれる。この作り方が北野上七軒の真盛山西方尼寺《さいほうにじ》の開祖の盛久、盛春に伝わり、世人の知るところとなったという。天正十五年（一五八七）北野大茶湯のとき、豊臣秀吉が真盛豆をことのほか、茶に適当と賞味された。明治初年の頃、時の西方尼寺の住持だった信随尼から金谷庄七（正廣）にその製法が伝えられ、新しい改良工夫を加えて現在のものになった。きなこを蜜でとき、黒豆をつつんで青のりをまぶしている。口の中で風味がパッとほぐれ、茶菓子としてよろこばれる。容器もおもしろく、編笠入や利休井筒入もある。

そのほか、栗入落雁《らくがん》の**京の纏**《まとい》がある。

〒602-8117 上京区下長者町通黒門東入
☎075-441-6357

定 休 日：水曜日
営業時間：9:00～18:00
地方発送：有
駐 車 場：無
アクセス：市バス「堀川下長者町」より徒歩約3分
出　　店：京都駅周辺売店（P.185）

「真盛豆」。調和のとれた口ほどけは通好み。和紙風袋入160g800円、編笠入155g1200円、利休井筒入270g2000円（すべて税抜）。編笠入と利休井筒入は、本店のみの販売。

「京の纏」。5個入1100円（税抜）。戦国時代の武将が出陣の旗じるしとした「纏」が起源。重厚な形状と深みのある風味が楽しめる。

亀末廣

かめすえひろ

創業は文化元年（一八〇四）。七代目になる主人は、時流にのらない気概のある考えで、老舗《しにせ》を守り続けている。

京のよすがは京の干菓子の代表のようなもので、四角い杉の木箱を四畳半《よじょうはん》のしゃれた組み方に仕切って、その一つずつに雛《ひな》菓子のようなかわいい干菓子をしき詰めている。

各仕切りの中に、春にはすみれ、たんぽぽの有平糖《あるへいとう》、夏には青楓《あおかえで》、流水の押物《おしもの》など、秋には松茸、栗、紅葉、冬には冬の風情を盛りこみ、内容を日々新しく変化させて、その名のごとく京の四季を組みあわせている。別名、「四畳半」とも呼ばれている。十二月には予約がいる。

もうひとつ、戦中の和菓子十八種にのこった**竹裡**《ちくり》がある。京都の菓子らしく禁裡の一字が使われている。羊羹本来の蒸羊羹に栗を入れ、十月頃から十一月なかばまでの一、二ヶ月だけ作られる。

ほかに、その年にとれた新しい丹波大《たんばだい》納言《なごん》だけを使ったつぶあんがびっしり詰まった**大納言**も、十二月から三月いっぱいまでの間だけ作られる。

〒604-8185 中京区姉小路通烏丸東入
☎075-221-5110

定 休 日：日曜日、祝日、正月5日間
営業時間：8:30～18:00
地方発送：有（商品による）
駐 車 場：無
アクセス：地下鉄「烏丸御池」駅より徒歩約1分
出　　店：無

四角い杉の木箱を四畳半のしゃれた組み方に仕切って干菓子をしき詰めた「京のよすが」。5寸5分（約16㎝）3600円（税込）。

丹波大納言を炊きあげ、竹の器に詰めた「大納言」。1個450円（税込）※。

亀廣永

かめひろなが

京都の台所ともいわれる錦小路《にしきこうじ》は、食料品店がズラリと並んでいる。菓子にも関係ある砂糖や豆、粉の専門店まで何でもそろっている。その錦小路通の西の端、高倉《たかくら》通を上ったところに亀廣永がある。

古都《こと》大内《おおうち》は親指大の大きさの山高の形をした紅白の押物《おしもの》。中にはつぶあんが入っている。固そうに見えるが、さっくりと食べやすい。懐紙にのせて、主に祝い事に用いられる。木箱入のほか、家庭用の手軽な紙箱入もある。

したたりは黒砂糖味の琥珀《こはく》の棹物《さおもの》。もとはひと切れずつのものだったが、あまりにも好評だったため棹物にして通年手に入るようになった。

琥珀は羊羹よりもあっさりした甘さで、透明感が涼感を呼ぶ。この菓子は祇園祭で菊水鉾《きくすいぼこ》に献上されるといういわれがあり、菊水鉾のお茶会は必ずこのしたたりが使われている。暑い真夏の夜に、つめたく冷やした菓子は口あたりもよく、お茶によくあう。

〒604-8116 中京区高倉通蛸薬師上ル
☎075-221-5965

定 休 日：日曜日、祝日
営業時間：9：00〜18：00
地方発送：有
駐 車 場：無
アクセス：市バス「四条高倉」より徒歩約3分、阪急「烏丸」駅または地下鉄「四条」駅より徒歩約5分
出　　店：無

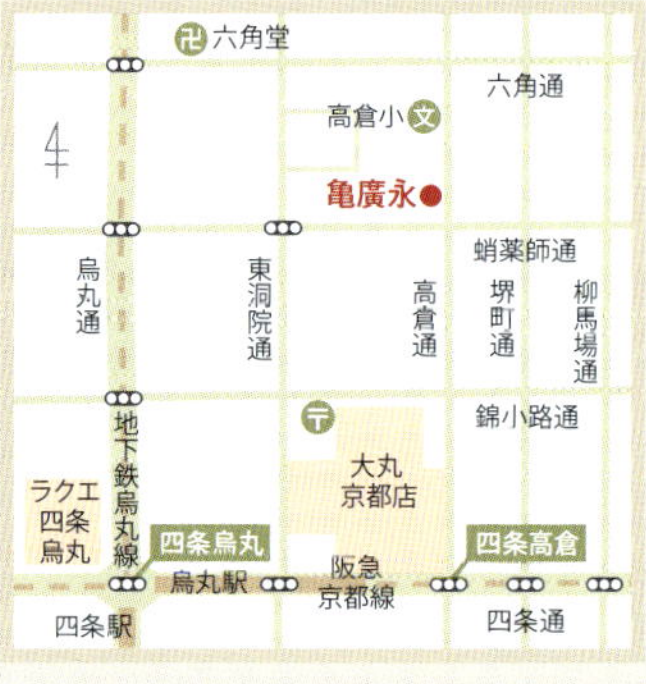

香ばしいつぶあんが入った「古都大内」。紙箱30個入1650円、木箱50個入2900円（すべて税込）。

黒砂糖の風味豊かな寒天の棹物「したたり」。1棹1100円（税込）。

亀廣保

かめひろやす

大正四年（一九一五）に亀末廣《かめすえひろ》から別家。干菓子全般を専門としている。亀廣保の干菓子は、有平糖《あるへいとう》、押物《おしもの》、打物《うちもの》など手法は違っていても、どれも甘さをおさえて、色調もけばけばしさを排している。代々の当主に絵心があり、それが菓子にあらわれている。色出しにも神経を使い、昔からの色を大切にし、できるだけ自然に近い色を使っている。

　京の中京のしもたや風のおちついた店がまえ。ここはのれんだけが目じるしである。のれんをくぐると壺庭があり、一歩店の中に入ると塗りの折敷《おしき》が置かれていて、その上に季節の干菓子がまるで盆景を描くかのように並べられている。この景色を楽しみにのれんをくぐるおなじみさんも多い。

干菓子は四季折々の自然の姿を、形と色あいとで表現する。食べてしまうのが惜しいという気持ちになる。美しさとおいしさ、この二つを上手に調和させている。

　生菓子も作ってくれるが、注文のみに限られている。

〒604-0021 中京区室町通二条下ル
☎075-231-6737

定休日：日曜日、祝日
営業時間：9:00～17:00
地方発送：無
駐車場：無
アクセス：地下鉄「烏丸御池」駅より徒歩約5分
出店：無

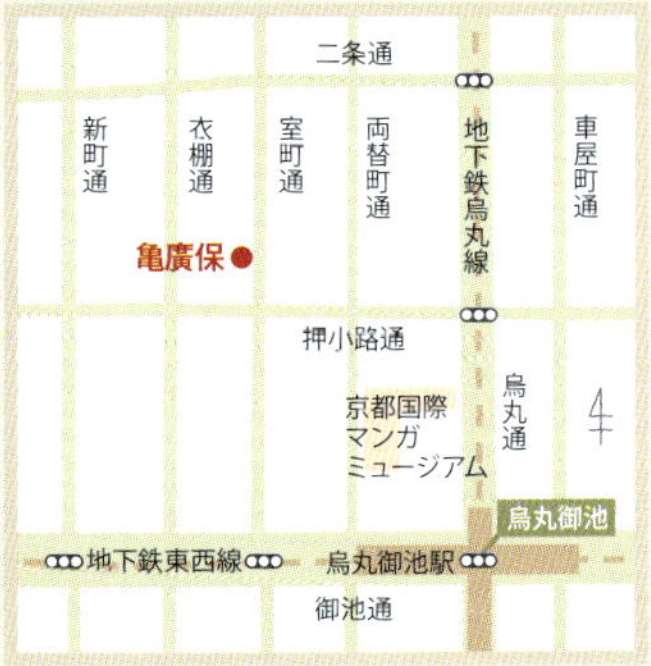

生砂糖で作られた秋の季節の干菓子「小芋・葉」。1組250円（税込）※。

帆立貝、巻貝、珊瑚（さんご）などが彩りよく盛られた「貝尽くし」。1組8種780円（税込）※。

亀屋粟義（加茂みたらし茶屋）

かめやあわよし

五月十五日、葵祭《あおいまつり》に藤と花菖蒲《しょうぶ》にかざられた御所車《ごしょぐるま》が緑の比叡《ひえい》をバックに加茂の堤を通るさまは、京ならではの王朝絵巻である。その下鴨《しもがも》神社の名物である**みたらし団子**は、下鴨糺《ただす》の森に井上の社という小宮があり、御手洗《みたらし》井にわく水の泡がひとつ浮いて、やや経てブクブクと三つ四つのぼるところからかたどったといわれている。

この団子もはじめのひとつは大きく、後の四つはやや小さいのがついていて、他説には五体を意味しているという。頭と手足の四つになるわけで、昔は厄除《やくよ》けの人形《ひとがた》紙のように団子を神前に供え、祈《き》禱《とう》を受けた上、これを家に持って帰って皆でいただいた。焼きたてにしょうゆだけをつけていたが、現在はしょうゆ、砂糖、葛粉などを用いた蜜をつけて食べる。とろりとして甘く、店でも食べられる。

ほかに**里みやげ**という、芋の姿をあらわした焼菓子がある。昔、京洛の良家では子弟を里子に出す風習があり、年に二、三度は育ちぶりを見せるために、乳母が里芋を生家へのみやげにしたというところからできた。白あんを小麦粉でつつんで肉桂《にっけい》の粉を塗った菓子である。

〒606-0816 左京区下鴨松ノ木町53
☎075-791-1652

定休日：水曜日（祝日の場合は営業）
営業時間：［平日］9:30～19:00（LOは18:30）
［土日］9:30～20:00（LOは19:30）
地方発送：無
駐車場：無
アクセス：市バス「下鴨神社前」下車すぐ
出店：無

黒砂糖とあぶった団子の香ばしさが調和する「みたらし団子」。1人前3本420円（税込）。お持ち帰り用は10本入1180円（税込）。

白あんをつつんだ焼菓子「里みやげ」。1個140円（税込）。

亀屋伊織

かめやいおり

二条城から二条通を東に行くと、ただ「伊織」という文字の入ったのれんがかかった店がある。お茶に使う干菓子だけをあつかっている亀屋伊織である。わかっていても通りすごしてしまいそうな、京都らしい、歴史を感じさせる店がまえである。店の中に入っても、黒い桐の簞笥《たんす》があるだけで、一目では菓子舗とはわからない。

亀屋伊織の創業は、江戸時代以前で、徳川三代将軍家光《いえみつ》の上洛の折に「木の葉」という菓子を献上したところ、お気に召され、「伊織」の名を授けられたと伝えられる。当代は十八代目である。

干菓子は薄茶の菓子。薄茶とあい、薄茶の味を引き立てなければいけない。干菓子盆に盛られたとき、懐紙にとったとき、一番美しく映え、絵になる。お茶会での注文が多く、ほとんど決まった客が多い。したがって営業時間も決まっているわけではなく、前もって予約をしておく。干菓子は有平糖《あるへいとう》、押物《おしもの》、煎餅《せんべい》、洲浜《すはま》など。できあがった菓子は簞笥におさめられている。原材料は寒梅粉《かんばいこ》、洲浜粉、砂糖、水飴などを使って、父子相伝で作り続けている。

〒604-0026 中京区二条通新町東入
☎075-231-6473

定 休 日：日曜日、祝日
営業時間：不定
地方発送：無
駐 車 場：無
アクセス：地下鉄「烏丸御池」駅より徒歩約12分
出　　店：無

●必ず前もって予約が必要

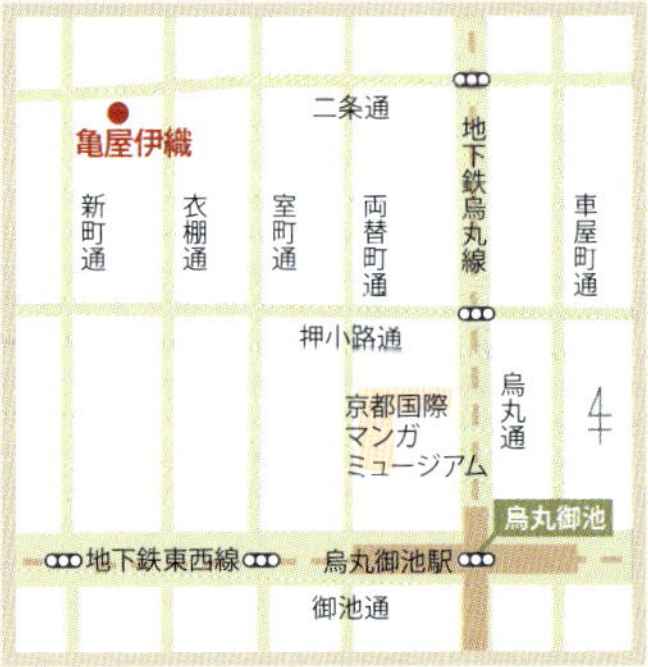

初午の菓子「きつね面・ねじり棒」。煎餅種に砂糖のすり蜜をつけ、白狐を連想させる。

色とりどりにまぜて、野趣あふれる風情が楽しい「吹寄せ」。11月頃の菓子。

亀屋清永

かめやきよなが

祇園石段下を少し下がったところに、**清浄歓喜団**《せいじょうかんきだん》というめずらしい菓子を売る店、亀屋清永がある。

この歓喜団は、奈良朝に唐菓子として日本に入った団喜《だんき》の一種であり、密教の祈禱《きとう》に必ず使う供饌《ぐせん》菓子のひとつである。一般に「御団」とも「聖天さん」とも呼ばれている。巾着《きんちゃく》形で口もとを細く締め、蓮華をかたどる八つの渦巻が口のあたりにある。米の粉と小麦粉をまぜ、よくねって半分蒸し、残りは生のままであわせ、薄くのばして円形にぬく。中のあんは甘葛《あまずら》、甘草《かんぞう》、柿、あんずなどの甘味を入れ、五味の味わいを入れたが、今は白檀《びゃくだん》、丁字《ちょうじ》、肉桂《にっけい》などの七種の薬味と香りをこしあんにまぜている。そしてつつんだものをごま油でじっくりと揚げる。パリパリとした皮が香ばしい。

ほかに**月影**や村雨《むらさめ》に栗の入ったひなびた風情の**京の田舎**《いなか》がある。表から見ると、茶色の菓子で、包丁を入れると、栗が出てくる。引札に「栗拾ひねん〱ころり言いながら　一茶」など栗の句が四句書いてある。味はあっさりしている。

〒605-0074 東山区祇園石段下南
☎075-561-2181

定休日：年中無休（1/1〜1/3は休）
営業時間：8:30〜17:00
地方発送：有
駐車場：無
アクセス：市バス「祇園」より徒歩約2分、京阪「祇園四条」駅より徒歩約7分
出店：京都高島屋、大丸京都店、ジェイアール京都伊勢丹

京都のほとんどの聖天さんで使われている「清浄歓喜団」。1個500円（税抜）。

包丁を入れると思わぬ栗が顔を出す「京の田舎」。1棹1300円（税抜）。

亀屋則克

かめやのりかつ

彼岸《ひがん》の頃の大潮は一年中で干満の差がもっとも大きく、遠くまで干あがる。そして干潟《ひがた》では浅蜊《あさり》や蛤《はまぐり》などがたくさんとれるので、暖かくなってくると潮干狩《しおひがり》に出かけたくなる。

潮干狩の帰りのように竹籠に檜葉《ひば》がしかれ、大きくて立派な蛤がいくつも入っている菓子がある。**浜土産《はまつと》**といい、蛤の殻をあけると貝の形をした黄色い琥珀《こはく》糖に浜納豆がひとつ入っている。

琥珀糖は寒天を煮とかして砂糖、飴を加えてまぜながら煮詰め、他の鍋に毛篩《ふるい》でこし、ふたたびとろ火にかけ、寒天が糸を引くようになったら火からおろし、型に入れて冷やして固めるが、どのように貝に詰めるかは秘伝である。貝がしっかり密閉されているので十日ぐらいはもつ。ただし、夏季しか作っていない。

季節の干菓子もあつかっており、毎月四、五種類ずつ変わっていく。

亀屋良則より昭和のはじめに別家、独立した。当時の京都の和菓子屋さんを彷彿させるお店である。現在修業を終えた四代目が活躍している。

〒604-8182 中京区堺町通三条上ル
☎075-221-3969

定休日：日曜日、祝日、第3水曜日
営業時間：9:00～17:00
地方発送：有（干菓子と「浜土産」のみ）
駐車場：無
アクセス：市バス「堺町御池」より徒歩約2分、地下鉄「烏丸御池」駅より徒歩約5分
出店：無

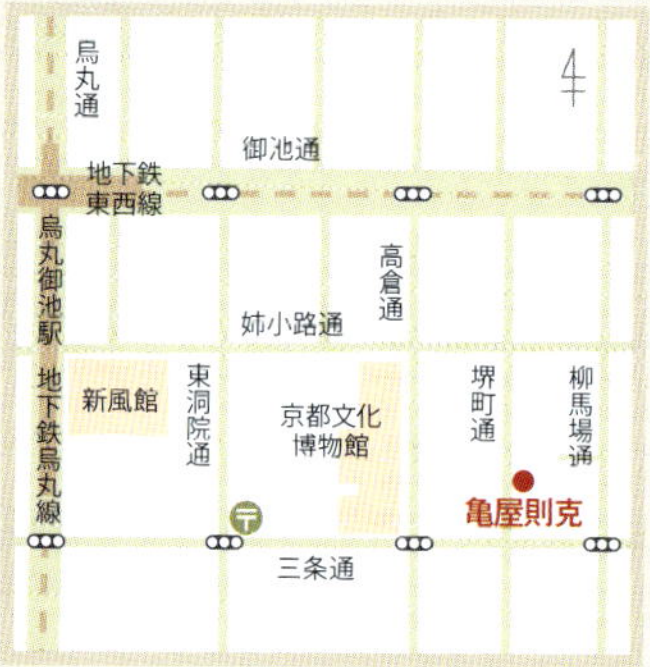

「浜土産」。磯馴籠（そなれかご）の風流瀟洒な竹籠に入る海からのおみやげ。1個380円、籠入10個4200円（すべて税込）。

自家製の粉糖を使った秋の干菓子「俵・銀杏・紅葉・菊」。紙箱1500円、木箱小3000円、木箱大4000円（すべて税込）。

亀屋陸奥

かめやむつ

応永年間（一三九四〜一四二八）の創業。西本願寺が京都山科にあった頃からの御用達。寺が大坂に移って石山（今の大阪城）の地にかまえたが、やがて織田信長がこの法城を手に入れようとし、長期の攻防となった。そのとき、糧食《りょうしょく》を断たれた門徒衆のために亀屋陸奥の三代目大塚治右衛門春近が考案して献上したのが松風《まつかぜ》で、兵糧《ひょうろう》としてよろこばれた。そして十一年の戦いが信長との和議で終わった。その後、京に移り、本願寺南の下間少進《しもつましょうじん》邸で顕如《けんにょ》上人が石松がさわぐ音を聞いて「わすれては波のおとかとおもふなり　まくらに近き庭の松風」と詠まれた。これより「松風」の銘を賜《たまわ》った。

松風は小麦粉に砂糖と麦芽から作った飴を加え、白味噌を入れてねかせ、発酵させた生地を焼いたもの。そして表にケシの実がふりかけてある。季節の変化と火加減によって微妙に仕あがりがちがうという。

憶昔《いくじゃく》は、西本願寺境内の茶室「憶昔の間」にちなんだ落雁。奥行きのある甘みと浜納豆の味わいが優しい。

〒600-8227 下京区堀川通七条上ル西本願寺前
☎075-371-1447

定休日：水曜日
営業時間：8：30〜17：00
地方発送：有
駐車場：無
アクセス：市バス「七条堀川」下車すぐ
出　店：西本願寺内売店、京都・洛西・大阪髙島屋、ジェイアール京都伊勢丹、京都駅周辺売店（P.185）、ほか全国百貨店

もっちりとした甘みのよさが感じられる「松風」。16枚入1100円（税込）。

浜納豆と肉桂が作り出す模様が美しい「憶昔」。4個入650円（税込）。

亀屋良永

かめやよしなが

天保三年（一八三二）の創業。開店当時は大文字屋庄三郎と名のったが、のち、万延元年（一八六〇）に亀屋と改めた。戦時中、休業のやむなきに至ったが、昭和二十七年（一九五二）に寺町《てらまち》御池《おいけ》に亀屋良永として再開した。御池煎餅《せんべい》の名の通り、御池通に面し、店内には昔ながらの帳場がある。

御池煎餅は、良質なもち米を粉にして焼きあげた麩焼《ふやき》煎餅で、上に砂糖をはいて亀甲《きっこう》形の焼き目を入れてある。軽くて香ばしく、淡白なところが好まれている。

添書の「菓心求道」には「物堅い有職、いかめしい故実もさる事ながら、美しい京都の、床しい日本の風物をかみしめ、尚新しくありたいもの。夏は涼しく、冬暖かに、花を添え、時雨をきかせ、わづらひの世から去る心の一時、そんな事も思いながら商売冥利を喜び励んでおります」とある。古陶を楽しみ、謡曲をたしなむ風格のある先々代であった。先代・当代もその教えを守り伝えている。

ほかに、桂離宮《かつらりきゅう》の襖《ふすま》の引手《ひきて》の形を模した先代考案の落雁《らくがん》**月**や、当代考案の干菓子**大原路**《おはらじ》がある。

〒604-8091 中京区寺町通御池西南角
☎075-231-7850

定休日：日曜日、第1・第3水曜日
営業時間：8:00～18:00
地方発送：有
駐車場：無
アクセス：市バス「河原町三条」より徒歩約10分、地下鉄「京都市役所前」駅より徒歩約5分
出店：京都髙島屋、大丸京都店、ジェイアール京都伊勢丹、京都駅周辺売店（P.185）

サクサクと歯ざわりがよく、音とともに消えていく「御池煎餅」。22枚入1250円(税抜)。

白く上品な形の「月」。10個入1852円(税抜)。「大原路」は季節により「梅だより、芽ぶく、春の色、花あやめ、あじさい、夏の雲、月あかり、秋の山、雪の朝」の九種類がある。16切入1300円(税抜)。

亀屋良長

かめやよしなが

四条堀川を東へ一筋行くと醒ヶ井《さめがい》通という細い通りがある。醒ヶ井という名は、六条付近にあった名水佐女牛井《さめがい》による。この名水は室町期には村田珠光が茶の湯に用い、足利義政も訪れたという。武野《たけの》紹鴎《じょうおう》や千利休も愛用したが、今はもうなく、天明の頃に藪内竹陰《やぶのうちちくいん》が立てた碑だけがのこっている。

四条醒ヶ井の角に享和三年（一八〇三）創業の亀屋良長がある。

烏羽玉《うばたま》は、沖縄波照間島《はてるまじま》産の黒砂糖のみを用いて、昔ながらの味と、淡い黒砂糖の味をミックスさせている。ヒオウギの花の実は真っ黒でそれを「うばたま」といったため、この名前がついた。

野路《のじ》**の里**は栗をつぶしてあんにねり、もう一度、栗の形にしてオーブンで焼いた栗ばかりの半生菓子。九月から一月頃までの秋の菓子。昭和五十年（一九七五）から発売。

〒600-8498 下京区四条通堀川東入醒ヶ井角
☎075-221-2005

定 休 日：年中無休（1/1、1/2は休）
営業時間：9:00〜18:00
地方発送：有
駐 車 場：有（2台）
アクセス：市バス「四条堀川」下車すぐ、阪急「大宮」駅より徒歩約5分
出　　店：京都髙島屋、大丸京都店、ジェイアール京都伊勢丹、京都駅周辺売店（P.185）

創業時から作り続けている当店代表菓子「烏羽玉」。1箱6個入450円(税抜)。

国産栗を使った「野路の里」。1箱6個入600円(税抜)。

川端道喜

かわばたどうき

初代道喜は京の南、鳥羽《とば》在の中村五郎左衛門といい、北面の武士であったが、餅をひさぐことになった渡辺進の女婿になり、御所の近くに移住して剃髪《ていはつ》し、道喜と改めた。風流を愛し、千利休とともに武《たけ》野《の》紹鷗《じょうおう》の門人となって茶を学んだ。

室町時代、京の町は応仁の乱で焦土と化し、御所の荒廃をなげき、天皇に日々の供御《くご》を献じた。これを御朝餉《おあさ》といい、代々進献されることになった。それは明治天皇の東京遷都まで続いた。

四代道喜の渡辺道怡の頃、その家が御所の川のそばにあったので、人々は川端の道喜と呼び、それを家名にしたという。

道喜の粽《ちまき》は、吉野葛《よしのくず》をねり、笹の葉でつつんで、い草で手巻きにしてから湯がく**水仙《すいせん》粽**と、こしあんを入れた**羊羹《ようかん》粽**がある。季節の菓子として茶の湯にも使われる。

ほかにも、餅菓子が多く作られる。新年の**御菱葩《おんひしはなびら》**（一般売の試餅《こころみもち》は十二月末）や、秋の**亥《い》の子《こ》餅**、二月の**寒紅梅**なども有名である。必ず予約がいる。

〒606-0847 左京区下鴨南野々神町2-12
☎075-781-8117

定休日：水曜日
営業時間：9:30〜17:30
地方発送：要相談
駐車場：無
アクセス：市バス「野々神町」より徒歩約1分、地下鉄「北山」駅より徒歩約4分
出店：京都髙島屋、大丸京都店（いずれも限定販売）、ジェイアール京都伊勢丹（予約販売のみ）

●購入の際は必ず電話で予約すること

笹の香りがうつり、雅味津々として淡泊な味わいの「水仙粽・羊羹粽」。1束3612円（税抜）。

開炉の茶事に使われる「亥の子餅」。1個600円（税抜）。

河道屋

かわみちや

京都にはそばを材料とした菓子の老舗《しにせ》は多い。河道屋もそば屋である。

江戸末期、河道屋安兵衛が、菓子舗でそばをあつかっていた頃をしのび、古来家伝の技法をもとに、南蛮《なんばん》菓子の手法をそばに応用して工夫を重ね、**蕎麦《そば》ほうる**ができあがった。砂糖、卵を充分に撹拌《かくはん》し、そば粉、小麦粉をこねて、型で抜き、焼きあげてある。ほうるはポルトガル語のBoloで『和漢三才図会《わかんさんさいずえ》』には「捻頭《ぼうる》、今、保宇留といふ（中略）。保宇留、波留天伊等の名は皆蛮語なり」とある。

そばは伝教《でんぎょう》大師《だいし》最澄《さいちょう》が延暦二十四年（八〇五）に唐から帰朝の際、持ち帰ったと伝えられるが、すでに養老六年（七二二）にはそばを植えさせたことが『続日本紀』に書かれていて、一千余年以前から食物のひとつとしてあつかわれてきたものだということがわかる。

以前は、生そばも蕎麦ほうるとともに姉小路の店であつかわれていたが、現在は生そばの晦庵《みそかあん》が麩屋町《ふやちょう》通三条上ルで、それぞれ別にあつかわれている。

〒604-8092 中京区姉小路通御幸町西入
☎075-221-4907

定休日：年中無休（1/1、1/2、1/3は休）
営業時間：8:30〜18:00
地方発送：有
駐車場：無
アクセス：市バス「河原町三条」より徒歩約3分
出店：京都髙島屋、大丸京都店、ジェイアール京都伊勢丹、京都駅周辺売店（P.185）

「蕎麦ほうる」。枯淡風雅な形と味が人気の秘密。四季を問わず、贈答に用いられる。

袋入300円、500円(税抜)。缶入は600円〜5000円(税抜)まで、さまざまなサイズがある。

甘春堂

かんしゅんどう

甘春堂は、初代藤屋清七が慶応元年（一八六五）に創業して以来、現在も同じ川端《かわばた》正面《しょうめん》角に店をかまえ、今日で六代目に至る。神社仏閣とのつながりも深く、「豊国神社」「旧六条御所」など伝統菓子の御用達もつとめてきたという。

今は失われ、忘れ去られた製法の菓子や、あるいは門外不出の家伝の菓子を、今日の技術とうまく融合させ、今に伝えている。

二代目が延命・長寿を願い、祝宴の献上菓として作りあげた**茶寿器**《ちゃじゅのうつわ》は、本物と見まがうほどの干菓子でできた抹茶茶碗の中に、季節の落雁《らくがん》や洲浜《すはま》、黒砂糖羊《よう》羹《かん》などが入っている。実際にこの茶碗で数度薄茶を点てることができ、最後にはもちろん器も食べることができる楽しい菓子。その粋な心や遊び心が、今も当時と変わらず茶人に珍重されている。

また、季節や行事にあわせてさまざまな上生菓子、干菓子も作っている。

[本店]

〒605-0991 東山区川端通正面大橋角
☎075-561-4019

定休日：年中無休　営業時間：9:00〜18:00
地方発送：有　駐車場：有（5台）
アクセス：市バス「京阪七条」より徒歩約2分、京阪「七条」駅より徒歩約3分
出店：東店、嵯峨野店、大丸京都店、京都駅周辺売店（P.185）、イオン京都五条・久御山・洛南店、ほか全国百貨店

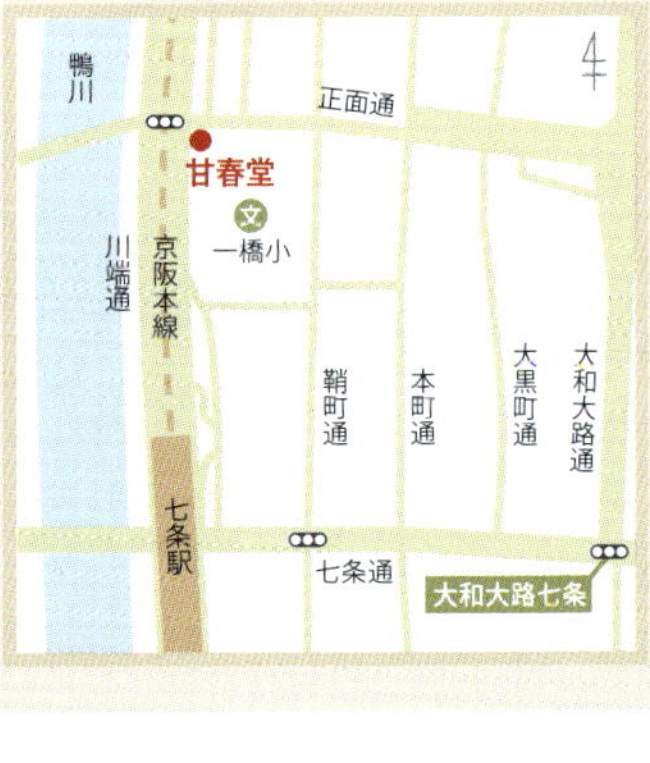

茶寿（108歳の長寿の祝い）までも、との願いがこめられた祝菓子「茶寿器」。1個2000円（税抜）。

春の生菓子「春風・胡蝶・爛漫」、秋の生菓子「京嵐山・里の鎮祭月・錦秋」。生菓子は各340円（税抜）。

甘泉堂

かんせんどう

八坂神社から四条通を西に行き、花見《はなみ》小路《こうじ》通へ出る少し手前の一筋北の富永《とみなが》町へ抜ける細い路地に甘泉堂がある。甘泉堂は創業百二十余年の老舗《しにせ》。もともとは縄手《なわて》通四条上ルにあった。

ここの**水羊羹《ようかん》**は上質の小豆を充分にこしたあんと寒ざらしの寒天を使って作っている。やわらかく、のどをツルリと通る。甘さもいや味がなく、京都の暑い夏にいただくと格別。四月一日から九月いっぱいの間しか作られていない。

ほかには**京の名どころ**がある。落雁《らくがん》の中にねりあんが入った打物《うちもの》。表面には、京都の名所が三条大橋を中心に十二支にわけてある。それをひとつひとつ割って食べるのが楽しい。日もちがして、おみやげに使いよいものである。

秋の**栗むし羊羹**も味わいのある茶菓子として素朴な味が評判。そのほか、**四君子《しくんし》**という懐中汁粉《しるこ》があり、菊が型押しされた汁粉、梅と竹の焼印が入った麩焼《ふやき》、蘭の塩漬けがめずらしい一品である。

〒605-0073 東山区祇園東富永町
☎075-561-2133

定休日：日曜日
営業時間：10:00～22:00
地方発送：有
駐車場：無
アクセス：市バス「祇園」または「四条京阪前」より徒歩約10分、京阪「祇園四条」駅より徒歩約10分
出店：無

三条大橋を中心に、十二支を描く「京の名どころ」。北の子(ね)にはくらま、貴船、八瀬、大原、御所となっている。1箱2700円(税込)。

懐中汁粉「四君子」。1包300円、1箱6包入1900円(すべて税込)。

祇園饅頭

ぎおんまんじゅう

四条大橋の東詰、南側にわが国最古の劇場、南座《みなみざ》がある。歌舞伎《かぶき》や演芸の催しがつねに行われるが、特に十一月三十日から二十六日までの顔見世《かおみせ》は人気があり、初日の通し、東西の役者の共演、花街の総見など、話題も豊富である。また、十一月二十五日頃、南座正面にあがる勘亭流の文字のまねき看板は、師走の訪れを告げる京の風物詩としても有名である。

その南座に隣接して、菓子舗祇園饅頭がある。この祇園饅頭は文政二年（一八一九）に創業、現在の当主は六代目になる。華やかな雰囲気をもった店である。

お彼岸の**おはぎ**、四月の**花見団子**《だんご》や**桜餅**、五月の**柏餅**《かしわ》、六月の**水無月**、九月の**栗餅**など季節によって変わっていく。

昔なつかしい菓子の**しんこ**、**ニッキ餅**、**六方焼**など、店先においしそうに並んでいる。中でもニッキ餅はおすすめ。ニッキがねりこまれた薄い餅皮は香りがよく、あんの甘さもほどよく仕上がっている。

〒605-0022 東山区四条通大橋東
☎075-561-2719

定休日：木曜日
営業時間：10:00〜21:30
地方発送：無
駐車場：無
アクセス：市バス「四条京阪前」下車すぐ、京阪「祇園四条」駅下車すぐ
出店：無

ねじったように形づくられた「しんこ」は味がニッキ・抹茶・白の三種類ある。1個160円（税込）。

香り豊かなニッキの皮でこしあんをくるんだ「ニッキ餅」。1個160円（税込）。

京阿月

きょうあずき

創業は江戸期の弘化年間（一八四四～一八四八）。京都の中京で穀物問屋を商っていた。

主要商品が小豆であったので、昭和に入ってから四代目が京菓子、甘い物処の阿月を始めた。支店、直売店も多く、積極的な菓子作りを目指している。

阿月《あずき》は小豆をもじって作られた名前で、カステラ地の間につぶあんをはさんだ三笠《みかさ》である。白あん、栗入りもあり、いろいろな味が楽しめる。ひとつひとつ包装されており、山菓子としても、手みやげとしても使いやすい。甘さをおさえたあんとやわらかい皮が調和している。

はしやぎは、もなかの皮とあんとが別々に包装されており、いつでも好きなだけいただける手作りもなかである。

そのほか、丹波大納言と大粒の栗が入った平安のみやび仕立てのおぜんざい**御所善哉**《ごしょぜんざい》、下鴨神社ゆかりの双葉葵《ふたばあおい》をかたどった柔らかな羽二重《はぶたえ》餅、**双縁餅**《ふたえもち》などがある。

［下鴨本店］

〒606-0862 左京区下鴨本町1
☎075-702-6365

定 休 日：水曜日　営業時間：10:00～18:00
地方発送：有　駐 車 場：無
アクセス：市バス「洛北高校前」下車すぐ
出　　店：大丸京都店、京都髙島屋、京都駅周辺売店(P.185)、イオン京都西・京都五条・洛南・久御山・向日町店、平和堂アルプラザ城陽・京田辺店ほか

ふんわりとした生地とやわらかなあんとの絶妙な味わいが楽しめる「阿月」。つぶあん・白あん各1個160円（税抜）。「栗阿月」1個190円（税抜）。

やわらかな餅で丹波大納言のつぶあんをつつみ、宇治抹茶ときなこをまぶした「双縁餅」。5袋10個入800円（税抜）。

京華堂利保

きょうかどうとしやす

鴨《かも》川をさかのぼって二条通を東に入ったところに京華堂利保がある。

濤々《とうとう》は三千家のひとつ、武者小路《むしゃのこうじ》千家官休庵家元の利休堂の扁額《へんがく》「濤々」から好まれた菓子である。茶席の釜の松風の音、海浜の波の音をあらわして濤々と名づけられた。硬めの麩焼《ふやき》に大徳寺納豆と飴を少し加えた特別なあんをはさんでいる。麩焼の表に砂糖蜜で一枚ずつ手描きの渦《うず》の文様が描かれている。

ほかには、小豆に蜜ときなこをかけたものに、青のり、きなこを衣がけにした二種と、甘納豆の**福寶《ふくたから》**がある。名前も菓子も縁起がよく、お祝いごとによく使われる。

また**しぐれがさ**は、「化けさうな傘かす寺のしぐれかな」という蕪村《ぶそん》の句にちなんで創作された菓子で、傘を開いたような丸い形をしており、放射線状に切って楊枝をさすと破れ傘の形になる。

〒606-8374 左京区二条通川端東入
☎075-771-3406

定休日：日曜日、祝日、第3・4・5水曜日
営業時間：9:00～18:00
地方発送：有
駐車場：無
アクセス：市バス「川端二条」より徒歩約10分
出店：無

大徳寺納豆を刻み、特製のあんをはさんだ「濤々」。6個入1560円（税抜）。

どら焼きの間にやわらかな羊羹をはさんだ「しぐれがさ」。1個1200円（税抜）。

京都鶴屋

鶴壽庵

きょうとつるや
かくじゅあん

京都の中京にある壬生寺《みぶでら》は重要無形民俗文化財である壬生狂言で有名なお寺。二月の節分会《せつぶんえ》には厄払いの「節分」という狂言が演じられ、お参りの人々が奉納した炮烙《ほうらく》は「炮烙割り」にて厄除《やくよ》けとして割られる。これは鎌倉時代より融通念《ゆうずうねん》仏《ぶつ》の布教のため、無言の動作に仕組んだのがはじまりとされている。

壬生寺を少し北に行くと、幕末に市中の治安にあたり、壬生の狼とおそれられた新選組が郷士の邸《やしき》を借りて本拠とした屯所《とんしょ》跡がある。建物は昔のまま保存されている。その八木邸が京都鶴屋である。

鶏卵素麺《けいらんそうめん》は、江戸時代、唐船で南蛮人から伝習したものの一種である。卵黄を蜜に糸状に流したもので、黄色があざやかであり、香りが高く、高雅な菓子である。博多、大阪、東京などでも作られているが、それぞれ味がちがい、秘伝である。

ほかに、**壬生の郷**《さと》は厳選された丹波大納言を使った棹物《さおもの》。また、京野菜壬生菜を配した**屯所餅**も好評である。

〒604-8821 中京区坊城通四条南入
☎075-841-0751

定休日：年中無休
営業時間：8:00～18:00
地方発送：有
駐車場：有（3台）
アクセス：市バス「壬生寺道」より徒歩約5分
出店：京都駅周辺売店（P.185）

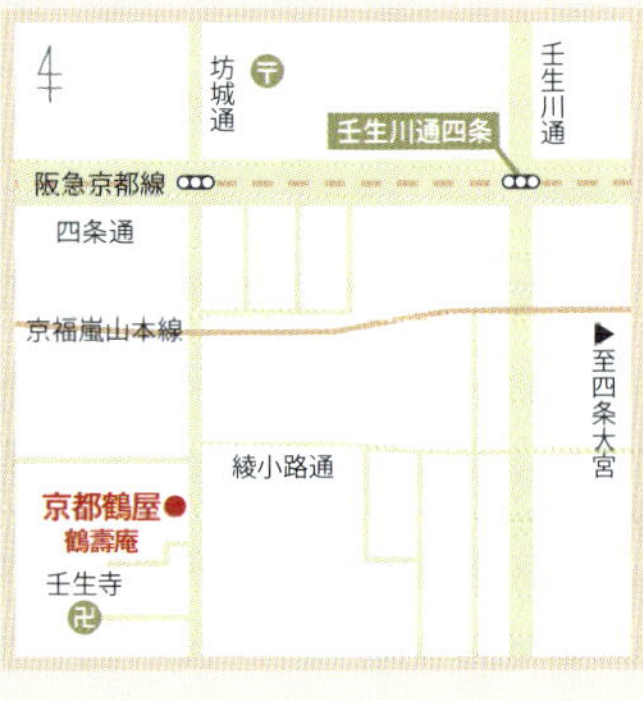

「鶏卵素麵」。新鮮な卵黄だけを糖蜜に流す、素朴だが栄養価に富んだお菓子。1棹1000円（税抜）。

壬生菜が入った「屯所餅」。5個入700円（税抜）。

京菓子匠
源水

げんすい

二条城のすぐそばにあり、文政八年（一八二五）創業の歴史をもつ。近江屋源兵衛といったところから、近江にちなんで「水」を、名にちなんで「源」をとって、「源水」と号した。現在七代目の当主は、研究熱心でどこの店にもない独得の味を作り出そうと地道にはげんでいる。

　代表的な菓子に**ときわ木**がある。小豆羊羹《ようかん》の台の上に丹波大納言小豆の蜜漬けしたものをのせ、すり蜜で衣がけし、松の木をあらわしている。松は長寿の象徴として日本の美を誇り、人々の心をとらえてきた。小豆の色と味を生かした半生の菓子。日もちもして、よろこばれる。

　ほかには菊の御紋の焼印がおしてある**古都絵巻**という麸焼煎餅《ふやきせんべい》がある。和三盆《わさんぼん》糖の香りを生かし、いにしえの都の味を再現している。デザインは、昔、皇室より当町内に御下賜《かし》された、土器製の杯（現存）をあらわしている。

〒604-0051 中京区油小路通二条下ル
☎075-211-0379

定休日：日曜日、祝日
営業時間：9:00〜18:00
地方発送：有
駐車場：無
アクセス：市バス「二条城前」より徒歩約3分、地下鉄「二条城前」駅より徒歩約2分
出店：無

松に見出した日本の美を菓子にあらわした「ときわ木®」。1個125円(税抜)。

和三盆の香りを生かした「古都絵巻®」。1枚135円(税抜)。

鼓月

こげつ

創業は戦後の昭和二十年（一九四五）、創作菓子作りから時代を先どりして、昭和三十二年に華《はな》が生まれた。現代の茶菓子として生まれた和魂洋才《わこんようさい》の菓子である。ひとつずつ金箔の紙につつまれ、洋菓子かと思われる包装に、題字が妙心寺管長であった古川大航師の筆になり、和洋一味の心の味である。華はバターとミルクをたっぷり使い、バニラ風味の黄味あん仕立てで、素材を見るだけでも現代的菓子と感じられる。桃山《ももやま》風の焦げ目が少しついた皮でしっとりしている。その皮と黄味あんがぴったりとあった口どけのよい菓子である。菊の花をかたどり、華麗さをもっている。

ほかには**千寿《せんじゅ》せんべい**という、クッキー風のヴァッフェルを和風仕立てにしたものもある。お茶にも紅茶にもあい、若い人から年配の方まではば広い支持を得ている。

京の菓子舗の中では歴史は新しいが、急速にここまで発展してきたのは、現代大衆に通ずるものがあったのであろう。京都市内に数多くの支店を持っている。

[本店]

〒604-8417 中京区旧二条通七本松西入
☎075-802-3321

定休日：年中無休
営業時間：9:00～19:00（日曜日は18:00まで）
地方発送：有　　駐車場：無
アクセス：市バス「丸太町七本松」より徒歩約5分
出　　店：銀閣寺店、四条烏丸店、嵐山店、新大宮店、花園店、西陣店、出町店など多数、京都・洛西髙島屋、大丸京都・山科店、ジェイアール京都伊勢丹、京都駅周辺売店（P.185）、ほか全国百貨店

皮と黄味あんとがぴったりあった口あたりのよい菓子「華」。1個140円（税抜）。

コーヒー、紅茶にもあう「千寿せんべい」。1枚120円（税抜）。

笹屋伊織

ささやいおり

弘法大師《こうぼうだいし》は承和二年（八三五）三月二十一日におかくれになったので、毎月二十一日にその徳をしのんで、東寺にお参りにくる人が多い。お参りの後先にブラリと露天商や植木市をひやかしに行く姿は今も変わりなく、中には買い物目当てだけの人もいる。特に正月の「初弘法さん」と暮の「終《しま》い弘法さん」はすごい人出になる。

この日のおみやげとして売り出されたものに竹の皮づつみの棒状の菓子があり、一般のいわゆる「どら焼」は、その形がお寺の銅鑼《どら》に似ていることより、そのように呼ばれるようになったのだが、笹屋伊織の**どら焼**は、熱した銅鑼の上で秘伝の皮を焼いたことから、名づけられた。

皮は小麦粉に蜂蜜、水飴などを加えて鉄板で焼く。その皮でこしあんを巻いて竹の皮につつむ。毎月二十日から二十二日の三日間しかなく、月に一度だけ作られる菓子である。

ほかには、もちもちとした食感の薄皮でつぶあんをつつんだ**あずき餅**などがある。

[南店]

〒601-8349 南区吉祥院池田町35

☎075-692-3622

定休日：日曜日（7・12月の日曜と、どら焼の日の日曜は営業）
営業時間：9:00～17:00
地方発送：有　駐車場：有（2台）
アクセス：市バス「吉祥院池田町」下車すぐ
出店：大丸京都・札幌・博多店、ジェイアール京都伊勢丹、京都駅周辺売店（P.185）、伊勢丹新宿・立川・浦和・松戸・新潟・静岡店、西武池袋本店、そごう横浜店ほか全国百貨店

もちっとした皮の歯ざわりとほどよい甘さの「どら焼」。1本1400円(税抜)。

もちもちの皮でつぶあんをつつんだ「あずき餅」。1個150円(税抜)。

笹屋湖月

ささやこげつ

千本通はかつて朱雀門から羅城門へ南北に続く朱雀大路と呼ばれ、京都の中心に位置する道であった。大正六年（一九一七）、本家笹屋伊織より別家して堀川商店街に店をかまえていたが、平成十六年（二〇〇四）に現在の千本通へ移転した。

焼くりは丹波栗を豊富に使い、栗の形そのままに、上品な味がする。表面に卵黄を塗り、筋をつけ、焦げ目をつけている。

また**水尾《みずお》の里**は、京都の北西、愛宕《あたご》山の谷ぞいにあり、ゆずの里として知られる水尾にちなんだ菓子。ここのゆずは皮肌が細かく、肉質が厚く、つやがあり、味がよいとされる。そのゆずを用い、香り高い道明寺羹《どうみょうじかん》と小倉羹を二段にした棹物《さおもの》である。

爺喜《やき》いもは、芋をつぶして牛乳や砂糖、蜂蜜をまぜたあんでこしあんをつつみ、色よく焼きあげた菓子。一度焼き芋にしてから中身をくりぬいて使用することで香りや甘みが濃く出るという。

ほか、つぶあんをそぼろ状の生地でまぶした焼菓子**よろい草**などがある。

〒604-8404 中京区千本通旧二条上ル
☎075-841-7529

定休日：火曜日
営業時間：9:00～19:00
地方発送：有
駐車場：無
アクセス：市バス「千本旧二条」下車すぐ
出　　店：京都駅周辺売店（P.185）

秋の風情がただよう「焼くり」。1個75円(税抜)。

ゆずをもって香り高い道明寺羹と小倉羹をあわせた「水尾の里」。1棹1100円(税抜)。

三條若狭屋

さんじょうわかさや

明治二十六年（一八九三）創業、二代続いて飾菓子の達人だった後を受けて、現在の当主もその技法を受けついでいる。

ここの代表名菓に**祇園ちご餅**がある。この餅は、祇園祭の稚児《ちご》に由来する餅菓子で求肥《ぎゅうひ》に甘く炊いた白味噌を加味し、串にさして氷餅にまぶし、三本を竹皮につつんだもの。赤・白・黄の短冊をそえた包装が、祭りの稚児の風情をただよわせている。

ほかに**南流微鵜当**《なるみがた》というかわいい銀の小箱に入った和三盆《わさんぼん》糖製の干菓子がある。木型で打った繊細な図柄は、青丹よし奈良の都の頃の正倉院御物《しょうそういんぎょぶつ》の模様を集めた「ナルミガタ」という図案集からとったものである。

和三盆糖に吉野葛を加えた和糖の香りが楽しめる菓子で、持ち運びや保存に便利なように工夫された干菓子である。

〒604-8332 中京区三条通堀川角
☎075-841-1381

定休日：年中無休
営業時間：9:00～17:30
地方発送：有
駐車場：無
アクセス：市バス「堀川三条」下車すぐ
出　店：京都髙島屋、大丸京都店、京都駅周辺売店（P.185）

疫（えき）を除き、福を招くといわれる「祇園ちご餅」。1包3本入360円（税抜）。

正倉院御物に彫刻された模様をかたどって名づけられた「南流微鵝当」。1箱18個入720円（税抜）。

塩芳軒

しおよしけん

明治十五年（一八八二）の創業。当主で四代目、京格子の店先は風格がある姿で、御菓子司・聚楽饅頭《じゅらくまんじゅう》ののれんはそれを引き立てている。今出川大宮にあった塩路軒《しおじけん》から分家して、京菓子の味を伝える店である。

聚楽は天正時代（一五七三〜九二）に建造された聚楽第にちなみ、「天正」とおしてある焼饅頭である。この店はその昔、豊臣秀吉ゆかりの聚楽第の外郭にあったところからその名がつけられた。五三《ごさん》の桐《きり》の紙につつまれている。甘すぎず、淡白な味である。干菓子は打物《うちもの》で押物《おしもの》・落雁《らくがん》・有平糖《あるへいとう》などでできた桜花・さざれ石・千代結び・観世水・ふくべ・貝尽くしなどがあり、千代紙を使った亀《きっ》甲《こう》形や三段の箪笥《たんす》の箱入などがある。雛《ひな》菓子にかざられる可愛いもの、竹籠《かご》や開き箪笥に入れた美しいものもある。

当主は研究熱心で、みずから丹波《たんば》へ小豆を買いつけに行ったり、和三盆《わさんぼん》を四国まで見に行くといったぐあいの力の入れようである。地方から、修業にくる人も多い。

〒602-8235 上京区黒門通中立売上ル
☎075-441-0803

定休日：日曜日、祝日
営業時間：9:00〜17:30
地方発送：有
駐車場：有（2台）
アクセス：市バス「堀川中立売」より徒歩約3分
出　　店：京都髙島屋、大丸京都店、ジェイアール京都伊勢丹、京都駅周辺売店（P.185）

甘すぎず、しっとりした味わいの「聚楽」。1個150円（税抜）。

秋の取りあわせが美しい「紅葉・しめじ」。1種120円（税抜）〜。

聚洸

じゅこう

当主は塩芳軒《しおよしけん》の次男で、実家の塩芳軒と名古屋の老舗《しにせ》芳光《よしみつ》での修業を経て、平成十七年（二〇〇五）に店をかまえた。店名の聚洸の「聚」は「集まる」、「洸」は「水の玉が光輝く」という意味で「ひと筋の小川が集まって滝となり、しぶきが弾けるように、塩芳軒と芳光で学んだ経験を生かし、輝くような菓子を作り出したい」という主人の想いがこめられている。

　店頭には、上生菓子を中心に、季節の移ろいにあわせて五、六種類の美しい菓子が並んでいる。午前中に売り切れになることが多いので、事前に電話予約をしておくこと。

　本家から受けつがれた羽二重《はぶたえ》製のふんわりとした菓子は口どけもよく上品である。茶会の注文も多く、使う菓子器や茶会の趣向にあわせて要望を相談できる。「当たり前のことを当たり前にできるように心がけている」という主人の言葉通り、新しい店ながらも京菓子の伝統を受けついでおり、毎月のように足を運ぶ人や、京都観光の際には必ず立ち寄る人など、多くの人に愛されているのがわかる。

〒602-0091 上京区大宮寺之内上ル
☎075-431-2800

定休日：水曜日、日曜日、祝日
営業時間：10:00〜17:00
地方発送：無
駐車場：無
アクセス：市バス「天神公園前」より徒歩約5分
出店：無

●3日前までに要予約

春の生菓子。つぶあんの入ったねりきり「なたね」、きんとんを糸状に巻いた小田巻「花宴(はなのえん)」、わらび餅(7、8、9月は無)。各1個350円(税込)〜。

秋の生菓子。「焼栗」、羽二重「椿」、小田巻「秋風」。各1個350円(税込)〜。

嘯月

しょうげつ

紫《むらさき》野《の》の閑静な住宅街にのれんと看板が目印の嘯月。とらや出身の初代が大正五年(一九一六)に創業し、現在三代目。茶の湯菓子を主力としており、茶事に用いられる生菓子の質の高さには定評がある。

特に**きんとん**がよく知られている。きんとんの表面は繊細であり、淡い色あいを微妙に変えて四季を表現した姿はみずみずしく鮮やかで、景色を見事に取りこんでいる。また、きんとんには風情ある銘がついている。

春は、「みちとせ」「春の野」「春の山」、夏は「朝のつゆ」、秋は「交錦」「錦繍」、冬は「木がらし」「松の雪」など。

三代目のご主人によると生菓子は「あんが命」であるという。特にきんとんはあんばかりの菓子であるから、あん作りにはとても気を遣う。

生菓子なので予約注文のみ。

〒603-8177 北区紫野上柳町6
☎075-491-2464

定休日:日曜日、祝日
営業時間:9:00~17:00
地方発送:無
駐車場:無
アクセス:市バス「下鳥田町」より徒歩約3分、地下鉄「北大路」駅より徒歩約10分
出店:無

●前日までに要予約

秋のこなし「松間の錦」、春のきんとん「春の山」。各1個430円(税込)。

冬の上用「雪輪」、秋の村雨「秋の山」。各1個430円(税込)。

聖護院八ッ橋総本店

しょうごいん
やつはし
そうほんてん

聖護院八ッ橋は琴をかたどって作られた菓子で、近世箏曲《そうきょく》の開祖とよばれる八《やつ》橋検校《はしけんぎょう》に起因している。検校は近世箏曲の普及および伝承に貢献したが、貞享二年（一六八五）、多くの門弟たちに見守られながら静かにその生涯を閉じた。その後も、検校の遺徳をしのび、参詣に訪れる人々は絶えず、門弟たちが「検校」にちなみ、琴をかたどった干菓子を「八ッ橋」と名づけ、聖護院の森、黒谷《くろだに》の参道で売ったのが、京みやげ「八ッ橋」のはじまりといわれている。そして検校没四年後の元禄二年（一六八九）に「玄鶴堂」（聖護院八ッ橋総本店の前身）として創業をはじめたといわれる。

その八ッ橋は米の粉を熱湯でねって蒸し、砂糖、肉桂《にっけい》、ケシの実をまぜ、薄くのばして短冊に切り、鉄板で焼く。そのとき、丸い鉄棒で形をつけている。香ばしい肉桂の香りがなんともいえない。

最近では生八ッ橋とつぶあん入りの生八ッ橋の聖《ひじり》が好まれている。

[本店]

〒606-8392 左京区聖護院山王町 6
☎075-761-5151

定休日：年中無休（元日のみ休）
営業時間：8:00〜18:00
地方発送：有　　駐車場：有（6台）
アクセス：市バス「熊野神社前」より徒歩約5分
出店：熊野店、岩月堂清水店、四条店、京都髙島屋、大丸京都店、四条センター、ジェイアール京都伊勢丹、京都駅周辺売店（P.185）、ほか全国百貨店

京みやげとして変わらぬ人気の「聖護院八ッ橋」。24枚入500円（税抜）。

しっとりとした味わいのつぶあん入り生八ッ橋「聖」。10個入500円（税抜）。

神馬堂

じんばどう

やきもちというのは俗称で「葵餅《あおいもち》」という。はじめは「二葉餅」と呼ばれ、明治五年（一八七二）にできた。

上賀茂《かみがも》神社境内の神馬小屋のそばで茶店を開き、葵餅として商売をしていたのが由来である。

葵餅は上賀茂神社の神紋にちなんだ名の焼き餅で、小豆のつぶしあんをつつんで鉄板で焼いた野趣のあるものである。

焼きたては餅もやわらかく、焼けた香りが味を増すもので、茶店の菓子らしい味がある。しかし、餅が少し固くなっても、金網にのせて火であぶったり、揚げたりすると、またひと味ちがった風味で味わえる。

午前七時の開店と同時に、近所のおなじみさんが訪れ、日中には、観光客が長い行列を作ることもある。毎日、数だけしか作らないので予約をした方がよい。

〒603-8065 北区上賀茂御薗口町4
☎075-781-1377

定休日：水曜日（祝日の場合は営業、翌日休）
営業時間：7:00～午前中のみ（売り切れ次第終了）
地方発送：無
駐車場：無
アクセス：市バス「上賀茂神社前」下車すぐ
出店：無

●売り切れ次第終了なので、購入の際は要予約

表の通りから餅を焼く様子がうかがえる。

「やきもち」1個120円(税込)※。お持ち帰り用もあり。

京都駅前 駿河屋《するがや》

明治十七年（一八八四）、伏見の駿河屋より分家し、煉羊羹《ねりようかん》の駿河屋の一統として、京都駅前に開業した。現在は三代目が、煉羊羹だけでなく、現代の嗜好にあわせた菓子作りにはげんでいる。

栗上用《じょうよう》は大粒の栗をそば上用の皮でつつんだもの。ふんわりやわらかく、さっぱりした上品な味である。

京の花ごよみはロールケーキのようにあんをスポンジでつつんだ菓子で、桜・抹茶・ゆずの三種類がある。

ほかに、栗をあんでつつんで焼きあげ、栗そのままの風味を生かすように工夫された**京の里**、黒糖あんをよもぎ餅でくるんできなこをかけた**千代の古道**などがある。

駿河屋の煉羊羹はさすがに伝統の味を感じさせる。**夜の梅**、**栗羊羹**、**柿羊羹**、**茶羊羹**、**でっち羊羹**と種類も多く、進物用によろこばれる。

地下2階の店舗入口

〒616-8385 下京区烏丸通七条下ル
☎075-371-1188

定休日：火曜日
営業時間：9:00〜18:00
地方発送：有
駐車場：無
アクセス：JR「京都」駅より徒歩約5分
出店：無

薯蕷饅頭（じょうよまんじゅう）の上に季節の風物を焼印であしらった「栗上用」。1個300円（税込）。

桜、抹茶、ゆずの三種類の味が目にも楽しい「京の花ごよみ」。1個120円（税込）。

するがや祇園下里

するがや
ぎをんしもさと

文政元年（一八一八）、総本家駿河屋よりのれん分けを得て現業地に創業。その時代、祇園のあたりがひらけていなかった頃、八坂神社参詣の客を目当てにしてカンカン糖という飴を売る店があった。それを見た三代目治助が、もっと上品な形と後味のよい飴に仕あげられないものかと工夫をかさね、できあがったのがこの祇園豆平糖《ぎをんまめへいとう》である。

祇園豆平糖は国産大豆を焙烙《ほうらく》で丹念に炒り、詰めあげた秘伝の蜜にその大豆をよくまぜあわせる。銅鑼《どら》で少しさましてからごま油を塗った茣蓙《ござ》の上で細長くのばし、棒状になった飴を同じ寸法に切って整える。すべて手作業で心のこもった飴菓子である。口の中に入れると、炒った大豆と上品な甘さの飴とが渾然一体となって妙味をかもし出し、なつかしく京都らしいお菓子になっている。

ほかには、**大つゝ**という、黒糖の中にしょうがを入れ、表面は煎餅《せんべい》で巻いて仕あげためずらしい飴もある。また、駿河屋本来の**煉羊羹**《ねりようかん》も好評で、伝授された昔ながらの製法で作られ、味、色ともよい。

〒605-0085 東山区祇園末吉町
☎075-561-1960

定休日：年中無休
営業時間：9:00～20:00
地方発送：有
駐車場：無
アクセス：市バス「四条京阪前」または京阪「祇園四条」駅より徒歩約5分
出　店：京都髙島屋、大丸京都店、ジェイアール京都伊勢丹、京都駅周辺売店（P.185）、あべのハルカス近鉄本店、JR大阪三越伊勢丹

お茶うけによい「祇園豆平糖」。袋入120g800円、箱入1000円(すべて税抜)。

しょうがの風味がきいた「大つゝ」。袋入120g800円、箱入1000円(すべて税抜)。

末富

すゑとみ

明治二十六年（一八九三）、亀末廣《かめすえひろ》より別家し、創業以来、百二十余年。古い歴史を誇る京菓子業界では新しい店である。現在も、各宗大本山の御用をつとめるほか、茶道各御家元にも出入りを許されている。

蒸菓子を、季節や用向きにあわせてそれぞれに色、形、素材などお客の注文に応えて作る京菓子の伝統を守っている。日もちする菓子として干菓子のほかにいろいろな煎餅《せんべい》類を用意している。

うすべには種煎餅を二枚に剥《は》いで梅肉糖をはさみ、表にすり蜜を塗っている。ほんのり薄紅色が透けて見え、みやびを感じさせる。**両判**《りょうばん》は麩焼《ふやき》の煎餅で大判二枚を意味している。名前の通り小判形の煎餅に黒砂糖と甘辛味の蜜を塗ったもの。大判小判の縁起菓子である。

野菜煎餅は卵煎餅にごぼう、れんこん、木の芽をのせて香ばしく焼いている。京野菜を世に広めた最初のお菓子である。

季節の蒸菓子を求める人も多いが、できれば予約を入れてほしいとのこと。毎日五種ほどの蒸菓子が作られる。

〒600-8427 下京区松原通室町東入
☎075-351-0808

定休日：日曜日、祝日　営業時間：9:00〜17:00
地方発送：有
駐車場：有（お店に申し出ること）
アクセス：市バス「烏丸松原」より徒歩約5分、地下鉄「四条」駅または「五条」駅より徒歩約10分
出店：京都・大阪・新宿・日本橋髙島屋

●蒸菓子購入の際は予約が望ましい

※京都ホテルオークラ別館に喫茶「ル・プティ・スエトミ」有

蒸菓子「龍田姫・山土産・梢の錦」。各1個500円（税抜）〜。

ごぼう、れんこん、木の芽の入った「野菜煎餅」。1缶1000円（税抜）〜。

千本玉壽軒

せんぼんたまじゅけん

今の西陣《にしじん》のあたりは応仁《おうにん》の乱で焼け野原になったとき、西軍山名宗全《やまなそうぜん》軍の陣所となっていた。したがって当初は地名ではなく、西軍の陣をさしていた。

この地の人々は戦火をさけるため、泉州堺に移住した人が多かった。堺はそのころ貿易港として、海外の織物が輸入されていた。その後、京に戻った人々は明《みん》の織法を伝えて機《はた》の音も高まり、印度支《いんどし》那《な》、西洋の織物を伝えた。そして西陣織が生まれ育ち、京の西陣織が世界的に有名となった。

この西陣にある千本玉壽軒の**西陣風味**は、羽二重餅《はぶたえもち》の皮に、ごま入りのこしあんを巻きこんである。それを反物《たんもの》になぞらえ、たとう（反物を包む紙）に一個ずつつつんで、こよりで結んだ菓子である。やわらかい餅肌は口あたりもよく、上品な菓子である。図案家の先生などからアイデアをもらい、京都らしい菓子が生まれた。

そのほかには、**千じゅ**という菓子がある。これは「壽」の字のある紅白の押菓《おしが》子《し》である。大徳寺納豆が和三盆《わさんぼん》糖入り落《らく》雁《がん》でつつまれている。

〒602-8474 上京区千本通今出川上ル
☎075-461-0796

定休日：水曜日
営業時間：8:30〜18:00
地方発送：有
駐車場：無
アクセス：市バス「千本今出川」下車すぐ
出　店：京都髙島屋、ジェイアール京都伊勢丹、京都駅周辺売店（P.185）

千年の歴史を誇る西陣織の風合いを内に秘めた「西陣風味」。5個1000円（税抜）。

「千じゅ」。紅白なので結納や結婚式のお祝い、引出物にも最適。12個660円（税抜）。

総本家駿河屋

そうほんけするがや

総本家駿河屋は、京都伏見九郷の里（現在の店）に船戸《ふなと》の住人岡本善右衛門が寛正二年（一四六一）に創業した。

そして天正十七年（一五八九）四代目が**伏見羊羹《ようかん》**を創製したが、豊臣秀吉の聚《じゅ》楽第《らくだい》の大茶会で使われ、紅羊羹と別名を得た。これは今までの蒸羊羹を改良し、羊羹としては最初の本格派であった。

さらに改良を加え、慶長四年（一五九九）、五代目が寒天に和三盆《わさんぼん》を加え、白小豆あんを入れて、煉《ねり》羊羹の製造に成功した。

紀州侯お国入りに従って和歌山に移り、藩公御用の菓子司をつとめたが、伏見にも総本家をおき、煉羊羹の研究をすすめ、万治元年（一六五八）についに完成した。

そして総本家駿河屋は多くの分家や別家をもち、日本最初の羊羹の店として、老舗《しにせ》の年輪を増やし続けている。

ひとくちサイズの**果実羊羹**は、カラフルな見た目もかわいらしい、伝統とモダンを継承した新しい羊羹。

〒612-8083 伏見区京町3丁目190
☎075-611-5141

定 休 日：年中無休
営業時間：8:00～18:30
地方発送：有
駐 車 場：無
アクセス：京阪「伏見桃山」駅より徒歩約2分
出　　店：京都・洛西・堺・泉北髙島屋、あべのハルカス近鉄本店、近鉄百貨店桃山・上本町・東大阪店、京阪百貨店守口・京橋・すみのどう店ほか全国百貨店

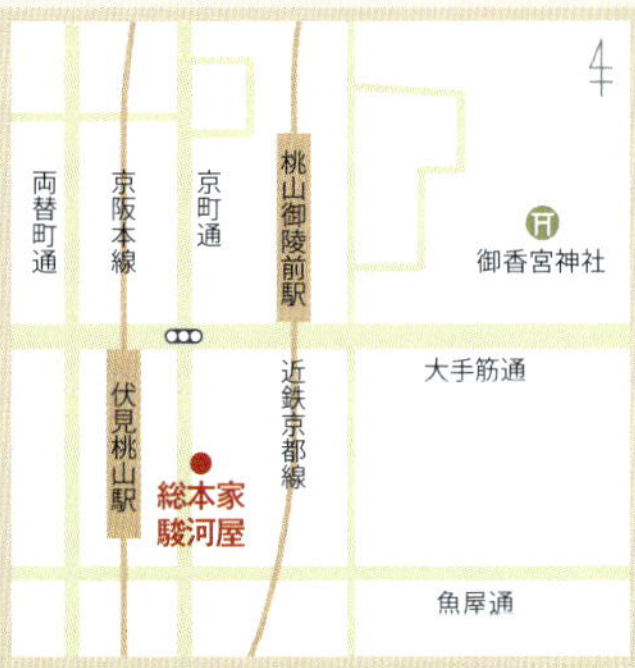

千利休、豊臣秀吉も味わった当時そのままの原料を伝来の技法で丹念に作りあげた「古代伏見羊羹」。1棹1200円（税抜）。

「果実羊羹」。柿、みかん、ゆず、梅、桃、いちごの6種の味が楽しめる。1箱1000円（税抜）。

大極殿本舗

だいごくでんほんぽ

高倉通四条下ルに明治十八年（一八八五）創業。山城屋という屋号で和菓子店を営業していたが、二代目が長崎でカステラの製法を学び、カステラの山城屋として知られるようになる。

大正五年（一九一六）に現在の高倉四条上ルに移り、カステラと独自の京菓子の製造販売を開始する。

三代目は平安神宮名菓**大極殿**を創作した。カステラの技法をもとに大極殿の瓦のおもむきを映した形に白あんをつつみ、焼いて仕あげてある。

また、伝統的な、はんなりとした手作りの京菓子から生まれた、花籠《はなかご》模様につぶあんをつつむ洛北民芸菓子**花背**《はなせ》など。

平安京は桓武《かんむ》天皇によって延暦十三年（七九四）に定められ、大極殿が延暦十五年に造営された。同年正月に天皇が大極殿の高御座《たかみくら》にあって群臣の朝賀を受けられてから、代々の即位の式、国儀も行われるようになった。そして平安遷都千百年を記念して、明治二十八年につくられた平安神宮は、この大極殿を三分の二の規模に縮小したものである。

[本店]

〒604-8124 中京区高倉通四条上ル
☎075-221-3323

定休日：年中無休　営業時間：9:00～19:30
地方発送：有　駐車場：無
アクセス：市バス「四条高倉」より徒歩約3分、地下鉄「四条」駅または阪急「烏丸」駅より徒歩約5分
出店：六角店、京都高島屋、京都駅周辺売店(P.185)、あべのハルカス近鉄本店、大丸心斎橋店、阪急うめだ本店
※六角店に喫茶スペース有

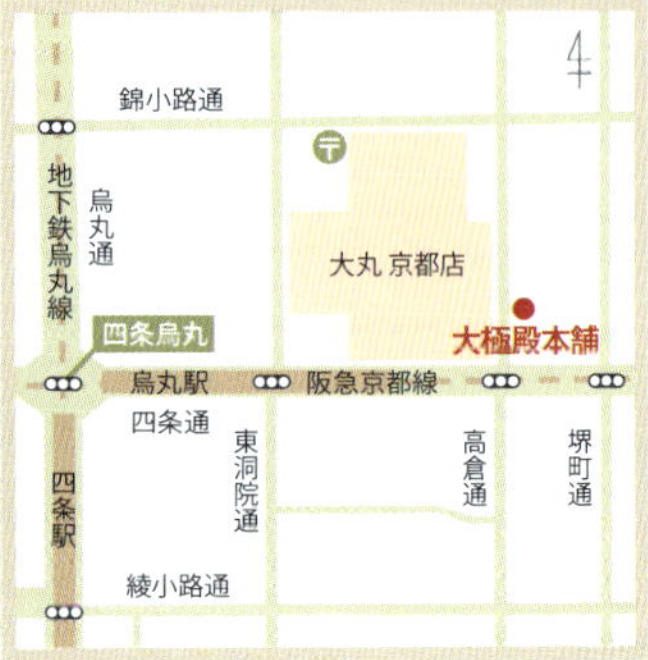

昔ながらの変わらない風味。口ほどけがよい「大極殿」。1個100円（税抜）。

あっさりとした大納言のつぶあんの「花背」。1個160円（税抜）。

大黒屋鎌餅本舗

だいこくや
かまもちほんぽ

昔、京の町の洛中と各街道を結ぶ出入口を七ッ口と呼んでいた。近世の七ッ口は鞍馬《くらま》口（艮《うしとら》口）、大原口（八瀬《やせ》口・北陸道）、長坂口（丹波道）、東三条口（粟《あわ》田《た》口、東海道）、丹波口（山陰道）、鳥羽《とば》口（西海道）、伏見口（南海道）であった。

その鞍馬へ通じる鞍馬口の関所とともにはじめられた茶店の菓子に**鎌餅**がある。

鎌に似たところから命名された菓子であり、麦刈りや稲刈りの頃によろこばれる。求肥《ぎゅうひ》皮のやわらかい肌は、耳たぶのようで口あたりがよい。黒砂糖風味のあんの味わいも甘すぎず、茶菓子に適している。最近は餅菓子であれば一日すぎると固くなるが、変わらないところに苦心をしているという。ひとつずつ薄いヘギに巻いてくれる。

ほかに**でっち羊羹《ようかん》**がある。この店のでっち羊羹はこしあんに小麦粉をまぜ、黒蜜でやわらかくねりあげる。それを竹の皮につつみ、蒸してある。竹の皮の香りがこの菓子の特長でもある。

〒602-0803 上京区寺町通今出川上ル
4丁目阿弥陀寺前町西入

☎075-231-1495

定休日：第1・3水曜日
営業時間：8：30～20：00
地方発送：有
駐車場：無
アクセス：市バス「河原町今出川」より徒歩約15分、市バス「出雲路神楽町」より徒歩約10分
出店：京都髙島屋

豊作を祈るための菓子「鎌餅」。1個200円(税抜)。

丁稚(でっち)さんが奉公先のおみやげにしていたという「でっち羊羹」。1棹800円(税抜)。

竹濱義春

たけはまよしはる

文久元年（一八六一）、初代濱屋丈助が元西堀川中立売下ルで創業したが、後、昭和十一年（一九三六）に現在地に北大路店を開業した。北大路通に面した、あまり目立たないが、落ち着いた雰囲気の店である。

ここの**洛北**《らくほく》は、こしあん、白あんをつつんでざらめを入れた焼皮。香ばしさとあんのあっさりした甘みがよい。ざらめの歯ごたえもまたよい。

いわれ書には東京の有名な画家、詩人、文士のあつまりの一味会で賞味され、洛北という名がつけられたとある。

またこの店には、しゃれた竹の皮で作った箕《み》に入れて売られている**真盛豆**《しんせいまめ》がある。炒った黒豆を洲浜《すはま》でつつみ、青のりをまぶしてあり、いただくと甘さと青のりの風味が口の中いっぱいに広がる。

真盛豆の由来は明応年間（一四九二〜一五〇一）に天台宗真盛派の開祖、慈《じ》摂《しょう》大師《だいし》真盛上人が京の北野で辻説法をするとき、塩で炒りつけた黒豆に菜の干葉をかけたものを聴衆に与えたのにはじまるという。

〒603-8167 北区北大路通新町東入
☎075-441-8045

定休日：日曜日
営業時間：9:00〜18:30
地方発送：有
駐車場：無
アクセス：市バス「北大路新町」下車すぐ、地下鉄「北大路」駅より徒歩約5分
出店：京都髙島屋

著名な芸術家たちが好んだという「洛北」。1個140円、10個入1550円（すべて税抜）。

創業以来作り続けている「真盛豆」。箕入1100円（税抜）〜。

京のおせん処 田丸弥

たまるや

堀川通を北へ北へと進み、今宮通より一筋手前に「おせんどころ」の看板の矢印が大きく出ている。扉をおして店の中に入ると、見せの間《ま》に、盆や籠《かご》に入った煎餅《せんべい》やおかきがいっぱい並べてある。どれを選ぼうかとまよいそうである。

田丸弥を代表する煎餅**白川路**《しらかわじ》は小麦粉に金ごま・黒ごまを入れて薄く焼いてある。ごまが香ばしく、熱い番茶にもよくあう。この菓子の由来は山城《やましろ》国嵯峨《さが》小倉《おぐら》の里の住人和三郎が延暦二十三年(八〇四)に空海《くうかい》から伝授されたものだという。

また、**みそ半月**は生地に家伝の納豆味噌をすりこみ、厚めに焼いて、半月に折ってある。のりの香りと味噌味が調和した口どけのよい味噌煎餅である。どちらも手軽で、包装がしっかりしていて日もちもよい。

京都の冬の底冷えはことの外寒い。その寒さを利用して水羊羹《ようかん》**京の冬**が作られている。小豆を煮て、その汁に寒天をまぜて、塗りの薄い箱に流しこみ、外気で冷やす。均等に切り目が入れられて届けられるが、甘すぎず、とろけるようにやわらかい。いつでも手に入るものではない、貴重な菓子である。

[本店]

〒603-8203 北区紫竹東高縄町5
☎075-491-7371

定休日:日曜日、祝日
営業時間:8:30～18:00
地方発送:有
駐車場:有(4台)
アクセス:市バス「東高縄町」より徒歩約3分
出店:堀川店、四条センター
※堀川店に喫茶スペース有

京のごまあえを軽く焼きあげた「白川路」。袋入500円（税抜）～。

焼き加減が絶妙な「みそ半月」。1袋600円（税抜）～。

京菓子司

俵屋吉富

たわらやよしとみ

宝暦五年（一七五五）の創業、大正十三年（一九二四）に石原留治郎が店をついだ。

俵屋吉富といえば、**雲龍**《うんりゅう》というくらいの代表的な菓子である。大正末期、留治郎が相国寺にある、狩野洞春の「龍図」を見て、雄大な構想に感動し、菓子にその図を組み入れて二種の材料をがっちり組み、雲にのる龍の雄姿をあらわすことに成功した。そして当時の相国寺管長・故山崎大耕老師に雲龍の銘をいただいた。

雲龍は丹波の小豆を蜜炊きにした小倉あんの生地を、こしあんと上用粉、もち粉でねりあわせて村雨《むらさめ》風に仕あげた生地で、一本一本手作りで巻きこんである。小倉あんのつやと、村雨のくすんだ色の配色の様子は、雲にのる龍をよくあらわしている。**白雲龍**は白小豆を使い、こくのある味を出している。

烏丸通に面した烏丸店の北隣には、京菓子資料館があり、和菓子の歴史を学んだり、生菓子と抹茶を味わったりすることができる。

[本店]

〒602-0029 上京区室町通上立売上ル
☎075-432-2211

定休日：日曜日　営業時間：8:00～17:00
地方発送：有　駐車場：無
アクセス：地下鉄「今出川」駅より徒歩約3分
出　店：烏丸店、小川店、祇園店、京都髙島屋、大丸京都店、ジェイアール京都伊勢丹、京都駅周辺売店（P.185）ほか全国百貨店

※烏丸店の北隣に「京菓子資料館」有（水曜定休、入館料無料）、小川店に茶房有

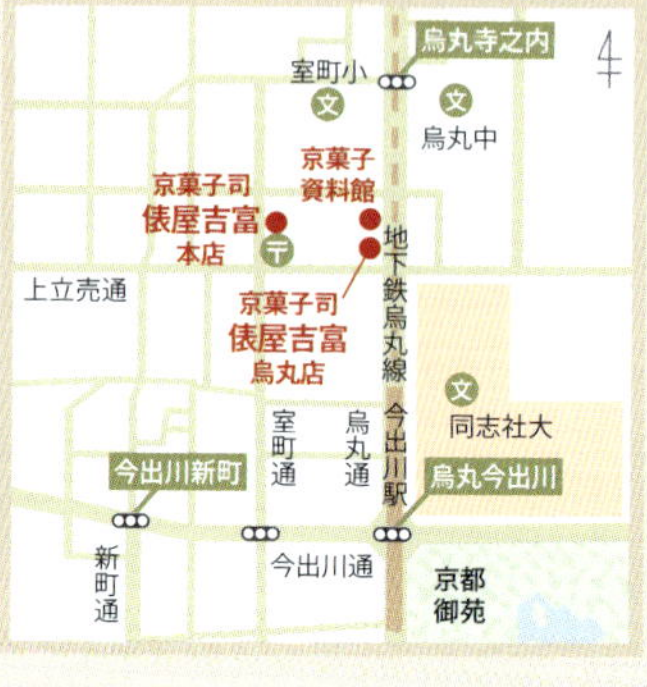

力強さと上品さをあわせもつ復刻版京名菓「雲龍」と「白雲龍」。各1棹1500円(税抜)。

代表名菓「雲龍」にはじめて栗を入れ、アレンジを加えた「龍翔(りゅうしょう)」。1棹2200円(税抜)。

長久堂

ちょうきゅうどう

天保二年（一八三一）初代長兵衛が新屋長兵衛という屋号で創業した。当時は四条烏丸を西に行った南側にあり、紅がら格子の老舗《しにせ》らしい姿であった。

平成六年（一九九四）十一月に茶房を併設した北山店をオープンし、平成十年十一月に河原町ＯＰＡ店をＯＰＡの一階正面にリニューアルオープンした。現在の主人は六代目。

きぬたは嘉永六年（一八五三）初代長兵衛が、秋の夜、郷里の丹波できぬたの音を聴いた深い感慨を工夫の末、製菓に考案し、生まれたものである。きぬたは白小豆で作ったねり羊羹《ようかん》を、砂糖と飴、もち米をまぜてねりあげた求肥《ぎゅうひ》を薄くのばして巻き、和三盆《わさんぼん》をまぶしてある。

花面《はなおもて》は小面・乙御前《おとごぜ》・翁《おきな》・福の神・嘯《うそ》吹《ぶく》と五つの能面が細部まで作りこまれており、食べるときは、しばしその美しさに見とれてしまう。

ほかには**求肥昆布**、**吉備《きび》求肥**、**わさび餅**などがあり、それぞれのもっている独得の風味を大切にして求肥にし、和三盆をまぶしている。

[本店]

〒603-8044 北区上賀茂畔勝町97-3
☎075-712-4405

定休日：木曜日
営業時間：9:00〜18:00
地方発送：有
駐車場：有（5台）
アクセス：地下鉄「北山」駅より徒歩約10分
出店：河原町OPA店、京都髙島屋、ジェイアール京都伊勢丹、京都駅周辺売店（P.185）

羽二重のもつやわらかさと美しさをねりあげた「きぬた」。1本800円（税抜）。

能面師の手による木型を用い、阿波（あわ）の和三盆で作っている「花面」。6個入800円（税抜）。

長五郎餅本舗

ちょうごろうもちほんぽ

天正の頃、北野天満宮の境内《けいだい》に一人のおじいさんが、毎日、あんでつつんだ餅を売りにきて、二、三箱を売りつくすと家に帰ってしまうので、それとなく人々の話題にのぼるようになり、そのおじいさんが河内屋長五郎ということも知られるようになった。

天正十五年（一五八七）十月一日、豊臣秀吉の北野大茶湯にこの餅が使われ、大いにその風味を賞せられたという。こうして武家の出入りを許され、北野名物**長五郎餅**が生まれた。長五郎餅は薄餅皮でこしあんをつつんでいる。形態は四〇〇年前も今も変わりない。手作りで、二、三日は日もちする。固くなっても焼いたりすれば違った味が楽しめる。

ほかに、ごま風味の焼皮でつぶあんをはさんだ**庵**《いおり》がある。

毎月二十五日の天神さんの日には、北野天満宮の社殿の東に、創業天正年間ののれんとよしず張りが昔をしのび、床几《しょうぎ》もおかれている。京都はどの神社仏閣も門前に参る人々が必ず立ち寄る店があり、未だにその姿が見られる。

〒602-8336 上京区一条通七本松西入
☎075-461-1074

定休日：木曜日（祝日と毎月25日は営業）
営業時間：8:00〜18:00
地方発送：要相談
駐車場：無
アクセス：市バス「北野天満宮前」より徒歩約2分
出店：北野天満宮内に毎月25日と正月3日間だけ出店、京都髙島屋、大丸京都店、ジェイアール京都伊勢丹、京都駅周辺売店（P.185）

柔肌のようになめらかな餅の口あたりが絶妙の味わい「長五郎餅」。1個120円（税抜）。

昔の庵を囲むように団らんの時間に楽しんでほしいと考案された「庵」。1個140円（税抜）。

月餅家直正

つきもちやなおまさ

文化（一八〇四〜一八）の頃、大津で小浜《おばま》藩など大名相手に掛屋《かけや》（金融業）をあきなっていたが、江戸末期、京都の高《たか》瀬川《せがわ》畔に移ったと伝えられている。

その頃、謡《うたい》や茶、花の会でおみやげによく蒸菓子が使われたが、持ち帰りに袂《たもと》の中であんが出たりして難儀するところから、初代が乾いた焼菓子と思い、できあがったのが**月餅**である。このため、八《や》瀬《せ》の釜風呂を作った職人にたのみ、上下から火がまわるようにした土製のオーブン釜を作らせた。その絵が、現在でも店内にかざられている。

この店の看板菓子である「月餅」という名は、初代が歌舞《かぶ》音曲好きだったため、謡曲からとられた名前らしい。この月餅は当初、小麦粉を煎餅《せんべい》地のように作り、中に白あんをつつんで焼くという素朴なものだった。その後、だんだん手が加えられ、皮には小麦粉に白砂糖、卵を入れ、白あんは備中《びっちゅう》白小豆のこしあんになり、皮の表面にはケシの実をつけている。

月餅のほかに、**延寿糖**《えんじゅとう》という寒天ゼリーもある。大徳寺納豆入り、蜂蜜入り、ゆず入りと三種類の味が楽しめる。

〒604-8001 中京区木屋町通三条上ル
八軒目
☎075-231-0175

定休日：木曜日・第3水曜日
営業時間：10:00〜19:00
地方発送：有
駐車場：無
アクセス：市バス「河原町三条」より徒歩約2分、京阪「三条」駅より徒歩約5分
出　　店：無

「月餅」。あんは岡山産の白小豆のこしあん。1個160円(税込)。

寒天ゼリー「延寿糖」。黒は大徳寺納豆、白は蜂蜜、ピンクはゆず味。1個85円(税込)。

鶴屋寿

つるやことぶき

爛漫《らんまん》と咲き誇る桜は日本人に好まれ、花の王といわれ、日本の国花になっている。桜の花は、美しく、豪華である。また花の散りぎわがあわただしく、花吹雪も美しい。小学校の入学式に桜の花吹雪の中で、胸をときめかせていたことを思い出す。

嵐山にある鶴屋寿は桜餅で有名。店の中に入ると桜の葉の香りでむせそうになる。京都の桜餅は道明寺《どうみょうじ》を使う。こしあんを道明寺でつつむと、中のあんがうっすらと透けて見えるように感じさせる。その上から桜の葉の塩漬けでつつむようにはさむ。葉の塩味とあんの甘み、道明寺のおいしさがうまく調和している。

この店の**嵐山さ久ら餅**は、作った翌日に食べると、桜葉の香りがしっとりなじんでおいしいという。季節には予約が殺到する。

ほかには**嵐峡の月**、**野宮**、**嵯峨《さが》竹**、**嵯峨日記**、**嵯峨饅頭**など嵯峨嵐山にちなんだものが多い。藤原定家が嵯峨でまとめた小倉百人一首にちなんだもなか**小倉百人一首**は、丹波大納言のあんを用いており、袋の中には大石天狗堂製のかるたが一首ずつ入っている。

〒616-8373 右京区嵯峨天竜寺車道町30-6
☎075-862-0860

定休日:年中無休
営業時間:9:00〜17:00
地方発送:有
駐車場:無
アクセス:JR「嵯峨嵐山」駅または嵐電「嵐電嵯峨」駅より徒歩約5分
出店:京都髙島屋、ジェイアール京都伊勢丹

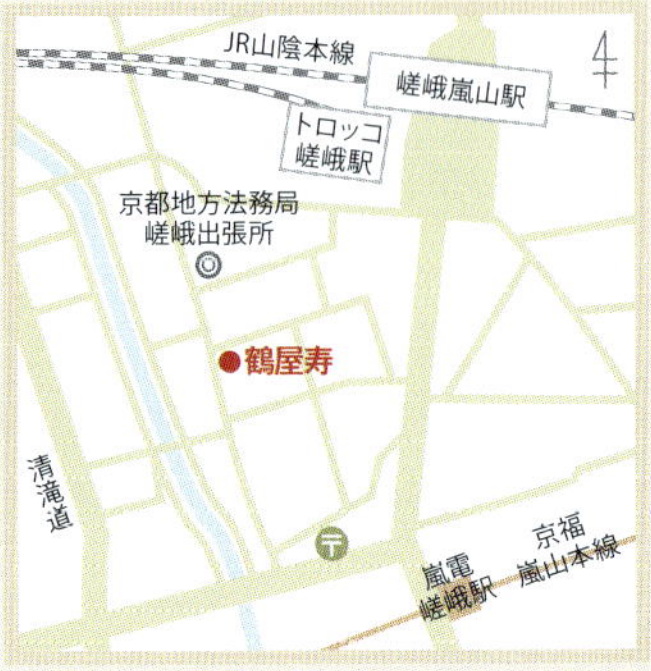

関西独特の道明寺を用い、塩漬けした伊豆の大島桜の葉でつつんだ「嵐山さ久ら餅」。1個170円、5個850円（すべて税抜）。

かるたのように四角い形のもなか「小倉百人一首」。1個170円、1箱5個入1000円（すべて税抜）。

鶴屋吉信

つるやよしのぶ

創業は享和三年（一八〇三）。初代鶴屋伊兵衛が堀川上立売下ルに店をかまえ、禁裡《きんり》御所や宮家などの御用をつとめていた。戦後に現在の今出川堀川に再建された。

柚餅《ゆうもち》は三代目が明治維新の頃に創案したもので、ゆずの香りと求肥《ぎゅうひ》のやわらかい感触を生かしてできた。果、餅、和三《わさん》盆《ぼん》の和合によって京菓子らしい上品な風味が生かされている。

また**京観世**《きょうかんぜ》は小倉羹《かん》と村雨《むらさめ》を観世水の文様に巻いた棹物《さおもの》である。

これは店に近い西陣中央小学校内に能楽の観世家の鎮守《ちんじゅ》社観世稲荷《いなり》が祀られていて、境内《けいだい》に観世井という井戸があり、あるとき、竜が井戸におりてから、水がつねに揺れ動いて波紋を描き、観世水の文様が生まれたという伝説にちなんでいる。

ほかに、繭《まゆ》の形をしたひと口饅頭《まんじゅう》**紡**《つむ》**ぎ詩**《うた》や、やわらかい焼皮につぶあんをはさんだ**つばらつばら**などもおみやげによろこばれる。

[本店]

〒602-8434 上京区今出川通堀川西入
☎075-441-0105

定休日：[店舗]年中無休（元日のみ休）
[2階お休み処・菓遊茶屋]水曜日
営業時間：[店舗]9:00〜18:00
[2階お休み処・菓遊茶屋]9:30〜17:30
地方発送：有　駐車場：有（20台）
アクセス：市バス「堀川今出川」下車すぐ、地下鉄「今出川」駅より徒歩約10分
出店：世田谷店、東京店、京都・洛西髙島屋、大丸京都・山科店、ジェイアール京都伊勢丹、京都駅周辺売店（P.185）、ほか主要百貨店

青芽ゆずの香りがすがすがしいつまみ菓子「柚餅」。ゆず形パッケージ入600円、箱入1000円（すべて税抜）。

吟味した小豆などを材料とした「京観世」。1棹1400円（税抜）。

とらや

とらや

後陽成《ごようぜい》天皇の在位中（一五八六～一六一一）には、御所御用をつとめていた記録が残ることから、室町時代後期に創業したと考えられる。妙心寺《みょうしんじ》の歴史を記した『正法山誌』には、関ケ原《せきがはら》の戦の折、西軍の犬山城主・石河備前守光吉をかくまった故事が見え、「市豪虎屋」と記されていることからも、その商いぶりが想像される。

明治二年（一八六九）、東京遷都とともに東京店を開いた。とらやといえば羊羹《ようかん》だが、濃厚ながらも後味のよい小倉羊羹**夜の梅**、独得の香りとコクがあり黒々とした光沢のある黒砂糖入羊羹**おもかげ**、抹茶の香り高い**新緑**などがある。**小形羊羹**にはこの三種類の味のほか、「はちみつ」「紅茶」、京都限定の「白味噌」「黒豆黄粉」などもあり、バラエティに富んでいる。

雲居《くもい》のみちも京都限定の焼菓子。「雲居」とは雲のように遠く高いことから御所のことをあらわす。御所車が都大路を行き交っていたさまを思わせる意匠の桃山で、こしあんと白あんをあわせたあんが入っている。

昭和五十五年（一九八〇）に出店したパリ店では、フルーツを使った羊羹なども販売。現地の人々に愛されている。

[京都一条店]

〒602-0911 上京区烏丸通一条角
☎075-441-3111

定 休 日：不定休
営業時間：9:00～19:00（平日）9:00～18:00（土日祝）
地方発送：有　駐 車 場：有（2台）
アクセス：市バス「烏丸今出川」または地下鉄「今出川」駅より徒歩約7分
出　　店：京都四条店、京都髙島屋、大丸京都店、ジェイアール京都伊勢丹、ほか全国百貨店
※京都一条店、京都四条店に菓寮有

［手前］とらや伝統の味「夜の梅」。中形1本1550円、竹皮包羊羹1本2600円（すべて税抜）。［後］西京白味噌の風味がまろやかな小形羊羹「白味噌」、京都産の大豆から作られたきなこが香ばしい「黒豆黄粉」。小形羊羹各1本240円（税抜）。

こんがりとした焼き色のついた「雲居のみち」。1個200円（税抜）。

中村軒

なかむらけん

桂《かつら》離宮《りきゅう》のすぐ南側で饅頭《まんじゅう》屋をあきなうこと百二十余年。初代が饅頭屋をはじめて以来、今日まで変わらずこの地で饅頭屋と茶店を営み、当代で四代目。丹波・丹後路往来の人々に愛されてきた。

中村軒のつぶあんは、北海道産小豆を使用し、昔ながらのおくどさん（竈《かまど》）でくぬぎの割り木を燃やして炊きあげている。

茶店は虫籠《むしこ》窓のある昔ながらの町屋造りで、夏のかき氷や冬のぜんざいなど、四季折々の菓子を楽しむことができる。

創業以来の名物**かつら饅頭**は、あっさりとしたこしあんを、ほんのり味のついた生地でつつんだ饅頭で、久邇宮《くにのみや》家の御用を拝命していた名菓。

麦代《むぎて》餅は、つきたての餅につぶあんを入れ、きなこをふったシンプルな菓子。

昔から麦刈りや田植えどきの間食として供せられ、かつてはこの餅を届けた代わりに代金として麦をもらうという物々交換をしていたため「麦代餅」という名が生まれた。昔ながらの材料、製法を守り、今も作り続けられている。

〒615-8021 西京区桂浅原町61
☎075-381-2650

定休日：水曜日（祝日の場合は営業）
営業時間：7:30～18:00
［茶店］9:30～18:00（LOは17:45）
地方発送：有　駐車場：有（8台）
アクセス：市バス「桂離宮前」下車すぐ、阪急「桂」駅より徒歩約12分
出店：京都・難波髙島屋、大丸京都店、ジェイアール京都伊勢丹、阪急うめだ本店・宝塚店、そごう神戸店、阪神梅田本店、西武高槻店（販売の曜日は各百貨店により異なる）

創業以来の名物饅頭「かつら饅頭」。1個200円(税込)※。

こだわりのつぶあんを堪能できる「麦代餅」。1個290円(税込)※。

西谷堂

にしたにどう

新京極《しんきょうごく》三条下ルの坂はタラタラ坂ともいい、坂道は三条通が街道であり盛土で高位置だったためである。古くはこのあたりは寺町で、今でも裏手には寺院が多い。

明治の初期、この土地に、大道芸人、ガマの油売り、曲芸の小屋が立ち並び、暑中はすいか売り、冬は饅頭《まんじゅう》を売るという店があった。

そこで大衆的な蒸羊羹《むしようかん》が売り出された。**京のでっちようかん**は小豆をじっくりと炊き、こしてさらしあんを作り、それに砂糖、小麦粉を加えて蒸す。その昔、丁稚《でっち》でも買えたところからこの名が生まれ、庶民が作った菓子でもある。または、当時高価であった砂糖分が少ないため、そう呼ばれたともいわれる。

ぐーどすえ金つばは、名前のとおり具がたくさんのった金つば。小豆と相性のよい栗や、噛むほどに香ばしい白ごま、そのほか、松の実やピーカンナッツ、くるみなど栄養価が高いものが多い。

新京極はアーケードもあり、安心してゆっくり買い物ができる。夕方には食事を終えた修学旅行生が京都みやげを求めてあつまってくる。

〒604-8036 中京区新京極三条下ル
☎075-221-5564

定休日：年中無休
営業時間：11:00〜20:30
地方発送：有
駐車場：無
アクセス：市バス「河原町三条」より徒歩約3分
出　　店：ジェイアール京都伊勢丹、京都駅周辺売店（P.185）

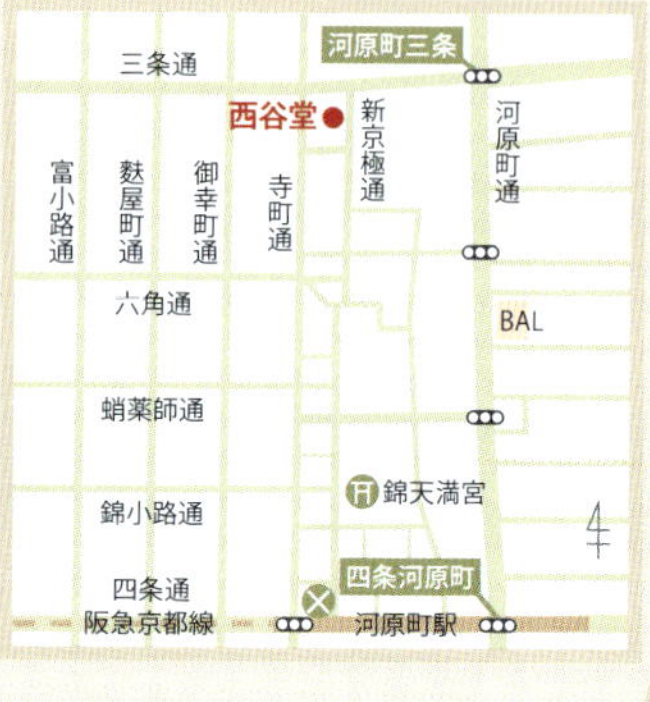

蒸菓子特有の甘さをおさえた味の「京のでっちようかん」。1棹400円(税抜)。

「ぐーどすえ金つば」。松の実、黒ごま、栗、くるみなど、具がたっぷり入っている。1箱9個入500円(税抜)。

二條若狭屋

にじょうわかさや

大正六年（一九一七）に総本家若狭屋（現存していない）から正式な別家としてのれん分けをしてもらって独立した。現在は四代目。

焼き芋の形をそのままとりこんだデザインの家喜芋《やきいも》は薯蕷饅頭《じょうよまんじゅう》仕立ての和菓子で、初冬の頃によろこばれる。

これはすりおろした山芋と上用粉《じょうよう》を加えた生地にあんをつつんで蒸し、焼き目をつけてごまをちらした菓子である。大きさも大・中・小の三種類あり、大きいのがこしあん、中がつぶあん、小さいのが白あん仕立てになっている。

そして竹ざるに檜葉《ひば》をしいて、布巾《ふきん》をかけて売り出し、好評を呼んだ。「家」「喜ぶ」「芋」ということで慶び事にも多く用いられる。

薯蕷饅頭には山芋のころっとした、丸くてコシの強いものを使う。これは関西の薯蕷饅頭のよさを出せる材料でもある。関東にはこの種の芋でなく、長芋の方が多く、水気があるのでコシが弱い。

ほかに雪月花三種のくず湯不老泉《ふろうせん》がある。抹茶、葛、小豆の味になっていて、包装も手軽で、きれいな絵が書かれている。

[本店]

〒604-0063 中京区二条通小川角

☎075-231-0616

定休日：年中無休

営業時間：8:00～18:00（日曜日、祝日は17:00まで）

地方発送：有　駐車場：有（2台）

アクセス：市バス「二条城前」より徒歩約5分

出店：寺町店、京都髙島屋、大丸京都店、ジェイアール京都伊勢丹、京都駅周辺売店（P.185）、ほか全国百貨店

※寺町店に茶房有

山芋（つくね芋）を主原料にした「家喜芋」。3個入620円（税抜）～。

熱いお湯をそそいでいただく「不老泉」。1個200円（税抜）～。

走井餅老舗

はしりいもちろうほ

京都の南西、木津《きづ》川、宇治《うじ》川、桂《かつら》川の合流地点、木津川の少し上流のところに、源氏の氏神《うじがみ》として武家の崇敬も深かった石清水八幡宮《いわしみずはちまんぐう》がある。

石清水八幡宮へのお参りは今は電車から続きにケーブルカーで登れるが、放《ほう》生《じょう》川にそって一の鳥居からうっそうとした山の中へ、参道が続いている。

このすぐ近くにニュータウンができ、駅前の姿もすっかり変わってしまった。しかし一の鳥居前にある走井餅老舗は昔ながらの茶店の姿をのこしている。店の奥では、今も手作りの味をのこして搗《つ》いた餅皮にへらであんをつつんでいる。

お参りをすませ、**走井餅**とお茶をいただくと、やわらかい餅が何ともいえずおいしく、ほっとした気分にさせてくれる。

この走井餅は大津《おおつ》追分《おいわけ》の宿場に本家があったが、明治の末に分家をし、のちに本家が廃業、八幡名物として知られるようになった。

ほかに、地名にちなんだ**鳩《はと》ケ《が》峯《みね》ういろ**もある。

[本店]

〒614-8005 八幡市八幡高坊19
☎075-981-0154

定 休 日：月曜日（祝日の場合は営業、翌日休）
営業時間：8:00〜18:00
地方発送：地域により有
駐 車 場：有（4台）
アクセス：京阪「八幡市」駅より徒歩約3分
出　　店：石清水八幡宮境内店（土日祝のみ営業）、松花堂庭園

「走井餅」。やわらかい餅と煎茶のセット1人前350円、抹茶のセット1人前550円（すべて税込）。

コシと風味のある「鳩ヶ峯ういろ」。抹茶味も。各1棹650円（税込）。

尾州屋老舗

びしゅうやろうほ

尾州屋はそばとそば菓子の老舗《しにせ》、尾張《おわり》屋《や》の別家として独立した。**京風そば餅**と**そばぼうろ**の製造販売を行っている。

店は京都の中心地、四条河原町の西南角にある。

そば餅とはそば饅頭《まんじゅう》のことで、昔から中国大陸では口に入れる丸いものを餅と呼んでいた。京風そば餅も、昔創製したときの名前をそのまま伝えてそば餅と呼んでいる。そば粉と小麦粉を砂糖、卵でねりあわせた皮でこしあんをつつんでいる。平成十年（一九九八）には従来の「こしあん」に加えて、「つぶあん」のそば餅を発表した。

そばぼうろはそば粉、卵、砂糖、小麦粉を用いてねり、梅の花の形にぬいて天火で焼いてある。歯ごたえのよい、日もちのする菓子である。一昔前より小粒にして食べやすくしてある。

京風そば餅のみやびた味は、たいへん珍重され、また、これにつれ添うそばぼうろも香りゆかしく、ともに日もちもよいので四季を問わず、贈答品としてもよろこばれる。

〒600-8001 下京区四条通河原町西南角
☎075-351-3446

定休日：年中無休
営業時間：9:00～19:30（正月三が日は異なる）
地方発送：有
駐車場：無
アクセス：市バス「四条河原町」または阪急「河原町」駅より徒歩約3分
出店：京都駅周辺売店（P.185）

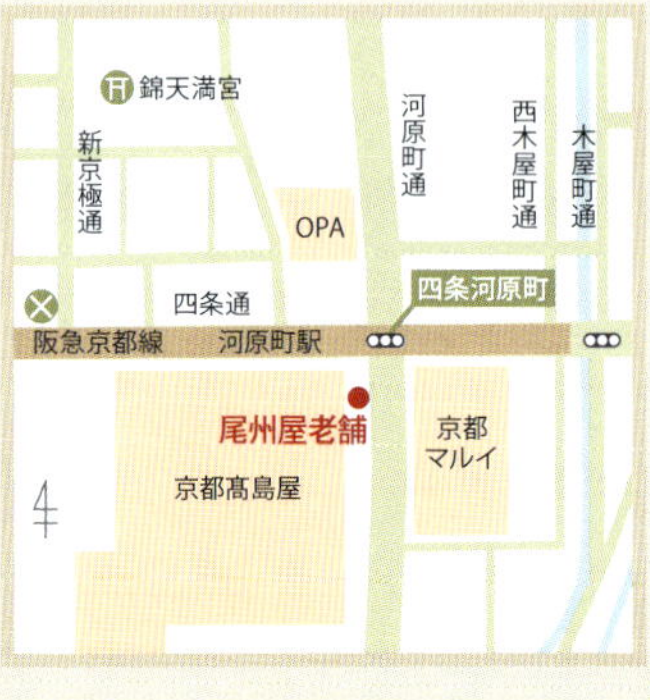

「京風そば餅」。こしあん1個100円、つぶあん1個100円（すべて税抜）。どちらも味わい深い。

梅形の素朴な形にみやびた風情を秘める「そばぼうろ」。袋入300円、缶入1000円（すべて税抜）。

船はしや総本店

ふなはしや そうほんてん

明治十九年（一八八六）に船橋屋として創業、三条大橋西詰と寺町綾小路《あやのこうじ》に分家を出し、船はしや総本店と名を改め、現在は四代目。

えんどうに砂糖をかける衣がけ豆の製法は明治初年、船橋の清水三郎兵衛という人が考案したもので、残念なことに店は失われた。

当時は黄色は忌《い》み嫌う色であったので、黒豆に砂糖をかけたものが用いられ、錦豆《にしきまめ》とか都豆の名で売り出されていた。その後、紅白を基調にして青のり、肉桂《にっけい》と黄色ができ、五色豆《ごしきまめ》となった。

錦豆は宮中の華やかな行事である五節《ごせち》の舞《まい》や諸々の慶事を象徴し、錦の織りなす色彩にちなんで名づけられたものである。**五色豆**はえんどうを水につけて戻し、炒ってから砂糖がけするが、これを五回くらい繰り返す。そして最後に着色して味つけをする。

ほかに、昔ながらの塩えんどう**白玉豆**、生姜をすりおろして砂糖がけした**万才豆**《まんざい》などの豆菓子や、金平糖《こんぺいとう》、甘納豆などもある。

〒604-0916 中京区寺町通二条上ル
☎075-231-4127

定休日：[9月〜11月・3月〜5月]日曜日、祝日
[12月〜2月・6月〜8月]土曜日、日曜日、祝日
営業時間：[9月〜11月・3月〜5月]9:00〜18:00
[12月〜2月・6月〜8月]9:30〜18:00
地方発送：有
駐車場：無
アクセス：市バス「河原町二条」より徒歩約3分
出店：京都駅周辺売店（P.185）

洗練された京趣味豊かな「五色豆」。木枡入300g2000円(税抜)。

ほんのりとした塩味の「白玉豆」。1袋90g500円(税抜)。

船屋秋月

ふなやしゅうげつ

京菓子司の中では歴史は新しいが、その新しさを菓子に生かし、春夏秋冬にあわせて多種作り出している。

わらしべ長者は餅粟《もちあわ》生地でつぶあんをつつみ、きなこをまぶしてある。日もちは二、三日である。

北野天満宮の境内《けいだい》に約二千本ある梅の木から、毎年採集した実を塩漬けにした後、土用干しし、十二月まで梅干倉で貯蔵しておいたものを大福梅《おおふくうめ》という。服用すると、その年の病・災厄除《さいやくよ》けになるといわれるものである。

北野梅林はその大福梅にちなみ、白あんを梅肉あんでつつんだ梅干のような菓子。

京酒まんは伏見の清酒の香りとコクを充分に生かした蒸饅頭で、酒仕込期の十月から四月の間だけ作られている。

本店は周山街道《しゅうざんかいどう》、嵐山への道の分岐点である福王子《ふくおうじ》にあり、また北野天満宮の鳥居横にも支店がある。京名菓といわれるそば餅や、洲浜《すはま》団子だけでなく、北野天満宮や梅苑にちなんだ菓子を多く作っている。

[福王子店]

〒616-8208 右京区宇多野福王子交差点西
☎075-463-2624

定休日:年中無休　営業時間:9:00～18:00
地方発送:有　駐車場:有(3台)
アクセス:市バス「福王子」下車すぐ、嵐電「宇多野」駅より徒歩約10分
出　店:北野店、京都髙島屋、京都駅周辺売店(P.185)

昔話にちなんで名づけられた縁起のよい「わらしべ長者」。10個入1600円(税抜)。

1年の幸運や無病息災を祈って授与される大福梅にちなんで作られた「北野梅林」。12個入800円(税抜)。

京菓子司 平安殿

へいあんでん

岡崎にある平安神宮は明治二十八年(一八九五)、平安遷都千百年を記念し、平安京を移された桓武《かんむ》天皇を祭神として創建され、京都市民の氏神《うじがみ》とされた。

その社殿の構造が平安初期の大内裏《だいだいり》を模《も》した、碧瓦朱塗《へきがわらしゅぬり》の壮大で豪華絢爛《ごうかけんらん》なもので、王朝盛時をしのばせている。境内《けいだい》の神苑《しんえん》は回遊式《かいゆうしき》庭園で、東山を借景《しゃっけい》としている。紅枝垂桜《しだれざくら》や燕子花《かきつばた》、花菖蒲《しょうぶ》が有名。この平安神宮からほど近いところにある平安殿は、平安京の歴史をしのんで、平安宮緑釉軒瓦を表現した菓子**平安殿**を作った。焙煎した小麦粉の皮は香ばしくて口ほどけがよく、ゆずの香りが高いゆずあんをつつんでいる。

また**平安饅頭《まんじゅう》**は、カステラボーロ風生地で、外の皮は口に含んだ途端ザラリととろける焦がしざらめ風味、中の黄身あんはホクホクした食感がよろこばれている。

そのほか、**応天門《おうてんもん》**、**そすいもち**、**橋《はし》殿《どの》**、**平安城**など平安京にちなんだものを多く作っている。

〒605-0038 東山区神宮道三条上ル堀池町
☎075-761-3355

定 休 日:年中無休
営業時間:9:00〜18:00
地方発送:有
駐 車 場:無
アクセス:市バス「神宮道」下車すぐ、地下鉄「東山」駅より徒歩約7分
出　　店:京都髙島屋、京都駅周辺売店(P.185)

ゆずの風味がさわやかな「平安殿」。1個110円（税込）。

変わらぬ伝統の味わいとカステラボーロ風生地の新たな出会い「平安饅頭」。1個110円（税込）。

宝泉堂

ほうせんどう

宝泉堂は、北山の山々、賀茂《かも》川、高野《たかの》川など、緑多い自然と豊かな水脈に恵まれた下鴨《しもがも》にある。

あずき処《どころ》としてあんこにこだわりがある宝泉堂の使用する丹波大納言、黒大豆は、毎年主人みずから産地へ出向き、最高級のもののみを確保しており、それを毎日少しずつ菓子に仕あげている。

丹波大納言の名前の由来は、かつて大納言の位が、殿中で抜刀しても切腹を免れたところから「煮ても腹割れしない大粒の小豆のことを大納言と名づけた」といわれている。

本店のすぐそばには茶寮があり、座敷で日本庭園を眺めながらお茶と菓子をいただくことができる。季節の生菓子や**わらび餅**、**栗しるこ**（秋季限定）などは茶寮でしか味わえない。

ほかにじっくり炊いた小豆を寒天で固めた**都の月**、大粒の丹波黒大豆だけを厳選して炊きあげたしぼり豆**丹波黒大寿**など、小豆や黒大豆を使った菓子が多い。

茶寮

〒606-0815 左京区下鴨膳部町21
☎075-781-1051

定休日：[本店] 日曜日、祝日
[茶寮] 水曜日（祝日の場合は営業、翌平日休）
営業時間：[本店] 9:00～17:00
[茶寮] 10:00～17:00（LOは16:45）
地方発送：有　駐車場：有（10台）
アクセス：市バス「洛北高校前」より徒歩約3分
出店：JR新幹線京都駅店（新幹線改札内2F）、下鴨神社さるや、河合神社
※ JR 新幹線京都駅店にも喫茶スペース有

本店そばの茶寮でしか味わえない「わらび餅」と、春の生菓子「爛漫・春の野」。「わらび餅」1人前1100円（税込）。季節の生菓子抹茶セット1人前950円（税込）。

丹波栗をぜいたくに使った「栗しるこ」。1人前1300円（税込）。

本家 尾張屋

ほんけおわりや

寛正六年（一四六五）頃の創業、五百四十余年の歴史をもつそば屋さんである。代々稲岡伝左衛門という名をついでいるそうだが、古い老舗《しにせ》を新しい時代へと変わらず続けられることはよろこばしいことである。

特製のそばを遠方の人にも味わってもらうために、十三代目から**そば餅**、**蕎麦《そば》板《いた》**、**そばぼうる**をはじめたらしく、そば屋の菓子として大いに評判になった。

その後、そば餅も一個ずつ紙につつんで売り出した。衛生的にもよく、うんと売れ行きが伸び出したという。

そば餅はそば饅頭《まんじゅう》のことで、中に小豆のこしあんを入れ、そば粉と小麦粉をねって皮にしてつつみ、天火でこんがりと焼きあげてある。

蕎麦板は薄い煎餅《せんべい》のようなものである。手打ちそばの技法で薄くのばしている。

そばと黒ごまの香りがどちらの菓子にもぴったりあってよい。

［本店］

〒604-0841 中京区車屋町通二条下ル

☎075-231-3446

定休日：年中無休（1/1、1/2は休）

営業時間：9:00〜19:00

地方発送：有

駐車場：有（コインパーキング1時間無料）

アクセス：地下鉄「御池」駅より徒歩約2分

出店：四条店、錦富小路店、京都髙島屋、大丸京都店、ジェイアール京都伊勢丹、京都駅周辺売店（P.185）、ほか全国百貨店

そば粉をたっぷり使った「蕎麦板」1箱30枚入400円（税抜）〜。色よく焼きあげた「そば餅」1個100円（税抜）。

香りゆかしい、日もちのよい「そばぼうる」。500円（税抜）〜。

本家玉壽軒

ほんけたまじゅけん

本家玉壽軒は西陣《にしじん》の真中、京都市考古資料館の前で六代続いている京菓子の老舗《しにせ》である。

「高砂《たかさご》」はもっとも有名な能の曲目のひとつ。「高砂、住江《すみのえ》の松も相生《あいおい》のやうに覚え」の言葉に夫婦愛と長寿のよろこび、そして国の繁栄《はんえい》を祝ったもの。そんなおめでたい名前のお菓子**高砂饅頭《まんじゅう》**は、甘酒皮（麹《こうじ》を発酵）にこしあんをつつんだ、酒の香りがただようあっさりとした饅頭で酒のよい香りがしている。毎年十一月から三月までの冬季のみ注文によって作られる。

このほかに、京洛大徳寺《だいとくじ》のある付近を紫《むらさき》野《の》というところから名づけられた干菓子**紫野**がある。腰高形の直径一センチほどの大きさで、ひと口に入れるのにちょうどよい。大徳寺納豆を中心にした和三盆《わさんぼん》製落雁《らくがん》である。挽茶《ひきちゃ》を入れた緑色、豆を炒ってまぜた黄茶色と白の三種類あり、口に含むと甘みと大徳寺納豆のしぶみがよい。

大徳寺納豆は一休禅師が中国の帰化僧から製法を習い、一文字屋久兵衛に秘法を伝えたといわれる味噌納豆である。

〒602-8435 上京区今出川通大宮東入
☎075-441-0319

定 休 日：日曜日
営業時間：8:30～17:30
地方発送：有
駐 車 場：無
アクセス：市バス「今出川大宮」下車すぐ
出　　店：京都髙島屋、大丸京都店、京都駅周辺売店(P.185)、阪急うめだ本店

甘酒皮でこしあんをつつんだ「高砂饅頭」。1個320円(税抜)。

和三盆を使った落雁で、甘みと大徳寺納豆のしぶみの調和が楽しめる「紫野」。1箱700円(税抜)〜。

本家八ッ橋西尾

ほんけやつはし
にしお

元禄年間（一六八八～一七〇四）創業、三百余年、十四代にわたって八ッ橋発祥の家として、作り続けている。

修験宗《しゅげんしゅう》総本山の聖護院《しょうごいん》のすぐ近く、古い京都の商家の家並みをそのままのこした店がまえ、大きなたぬきが出迎えてくれる。

表の通りはせまいにもかかわらず、タクシーを待たせた観光客がひっきりなしに訪れる。八ッ橋の人気はすごい。

最近は橋の形をした八ッ橋に金箔をふった**おひろめ**や、生八ッ橋はいうまでもなく、生八ッ橋を三角に折り、中につぶあんを入れた**あんなま**、生八ッ橋の原料を使い、つぶあんをたっぷり入れた**おまん**が人気がある。

どちらもやわらかく、あっさりしたあんに皮のニッキがきいている。

この店は米粉、砂糖、ニッキ、大豆粉を材料に使っている。添加物を使わず、十日間日もちする。

［本店］

〒606-8391 左京区聖護院西町7
☎075-761-0131

定休日：年中無休
営業時間：9：00～17：00（季節により変動有）
地方発送：有　駐車場：有（5台）
アクセス：市バス「熊野神社前」より徒歩約3分
出店：熊野店、清水店、清水坂店、産寧坂店、銀閣寺店、祇園店、祇園北店、八条口店、新京極店、ジェイアール京都伊勢丹、京都駅周辺売店（P.185）

金箔をふり、盛装した八ッ橋「おひろめ」。3枚×8包540円(税込)。

ほどよい甘さのあんが入った「あんなま」。10個入540円(税込)。

先斗町駿河屋

ぽんとちょう
するがや

先斗町は鴨《かも》川と高瀬《たかせ》川の間、木屋町《きやまち》通の一筋東を三条の一筋南から四条まで下る細い通りをいい、祇園町と並ぶ茶屋《ちゃや》街《まち》である。春の鴨川をどり、夏の床など、京都の名所としても名高い。木屋町通との間に数えきれないほどの路地があるが、通りぬけができるかできないか標示があるのもおもしろい。英語の「ポイント」、ポルトガル語の「ポント」という言葉にちなんでいるという。そんな中に先斗町駿河屋がある。明治三十一年（一八九八）に、するがや祇園下里より別家した。

里しぐれは栗の出る彼岸《ひがん》から正月頃まで作られる。丹波の栗とやわらかい羊羹《ようかん》が青竹の器に入っていて笹の葉でつつんである。

竹露は夏に作られる。細い青竹に水羊羹が流しこんであり、これも笹で蓋がしてある。それを竹籠に入れて手みやげにすると京都らしい風情《ふぜい》で、涼しさを呼び、よろこばれる。

また、貴重なわらびの根から取れる本わらび粉を原料にし、こしあんをつつんで作った**ひと口わらび**も人気である。

〒604-8017 中京区先斗町三条下ル
☎075-221-5210

定休日:火曜日
営業時間:10:00〜18:00
地方発送:有
駐車場:無
アクセス:市バス「河原町三条」または京阪「三条」駅より徒歩約5分
出店:無

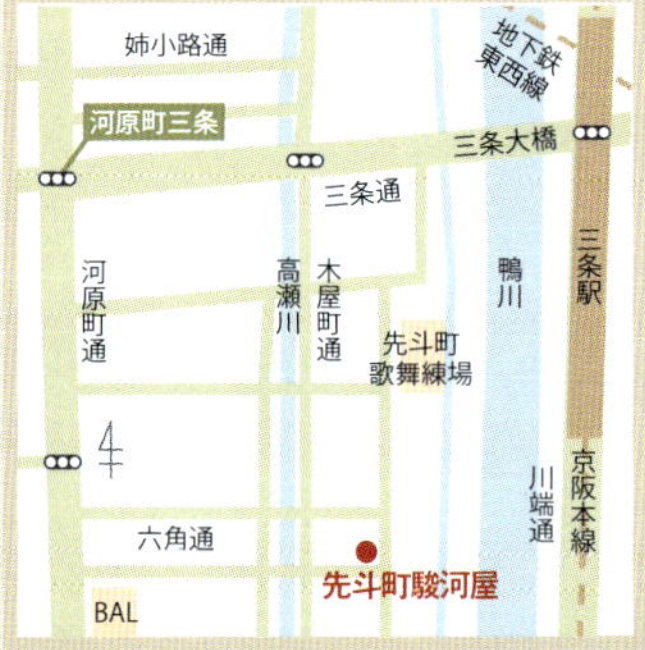

今年生まれの新しい竹に流しこんだ水羊羹が口あたりやわらかな「竹露」。1本350円(税抜)。

「ひと口わらび」。ひと口で食べられる大きさに仕あげた京の上生菓子。1個220円(税抜)。

松屋藤兵衛

まつやとうべえ

大徳寺《だいとくじ》のすぐ近くにある松屋藤兵衛の先祖は、丹波《たんば》出石《いずし》の城主前野但馬守といわれ、十万石の大名であった。豊臣秀吉の聚楽第《じゅらくだい》造営奉行《ぶぎょう》をつとめ、関白秀次《かんぱくひでつぐ》の付人としてもその名がのこっている。大徳寺の出入りをはじめ、三千家や大覚寺などにも、茶会の菓子をおさめている。

この店の**紫《むらさき》野《の》松風《まつかぜ》**は大徳寺納豆と白ごまをちらしたもので、多くの茶人などによろこばれる。もうひとつ大徳寺納豆入りの落雁《らくがん》は**通《かよ》ひ路《じ》**といい、路地の飛び石に見立てられている。

珠玉《たま》織姫《おりひめ》は小指の先ほどにもならないほどの五色の小粒菓子で、白糖を炊いて、白いすり蜜にし、中に寒梅粉《かんばいこ》を入れてまぜ、ちぎって丸めたものである。梅干入りの赤、ごま入りの白、ゆず入りの緑、肉桂《にっけい》入りの薄茶、しょうが入りの黄で彩りが美しく、五つの変化を味わえる。西《にし》陣《じん》の糸玉からの発想という。

〒603-8214 北区北大路大徳寺バス停前
☎075-492-2850

定休日：木曜日
営業時間：9:00～18:00
地方発送：有
駐車場：無
アクセス：市バス「大徳寺前」下車すぐ
出店：無

大徳寺納豆が入り、少し塩味のきいた「紫野松風」。10個入825円（税抜）〜。

茶事にもよく使われる「通ひ路」。1箱20個入1325円（税抜）〜。

松屋常盤

まつやときわ

京都御苑の南の門を堺町御門《さかいまちごもん》といい、葵祭《あおいまつり》、時代祭《じだいまつり》の行列はここを出発点としている。

その門から堺町通を少し下がったところに松屋常盤がある。

創業は承応年間（一六五二～五五）、御所出入りの店にのみ許される白ののれんをかけ、後光明《ごこうみょう》天皇から「御菓子大将　山城大掾」の名を賜《たまわ》ったという由緒のある御菓子司である。また千家や大徳寺にも茶菓子をおさめてきた。現在、当主は十六代目。

味噌松風《まつかぜ》は、謡曲「松風」の名に由来しており、白味噌のねかせぐあい、火加減、小麦粉や砂糖の割合など、一子相伝で伝えてきた。やわらかく焼きあげ、表面に黒ごまをふっている。禅味豊かな菓子である。必ず予約がいる。

くずれそうなやわらかさとほどよい甘さをもったきんとんが現在作られていないのが残念である。

〒604-0802 中京区堺町通丸太町下ル
☎075-231-2884

定休日：年中無休（予約による）
営業時間：9:00～17:00（予約による）
地方発送：有（松風のみ）
駐車場：無
アクセス：市バス「裁判所前」より徒歩約3分、地下鉄「丸太町」駅より徒歩約10分
出　店：大丸京都店（水曜日以外、数量限定）

●購入の際は必ず電話予約すること

「味噌松風」。コシがあり、噛みしめるほどにじわっと味噌の味がする。1箱800円（税込）※。

箱一面にやわらかい松風が入っており、切り分けていただく。

豆政

まめまさ

五色豆《ごしきまめ》は京都の代表菓子として、全国的に有名である。

豆政は明治十七年（一八八四）に創業、はじめは白い衣がけだけの砂糖豆だったが、明治二十年に四色を加えて五色豆として売り出した。赤や白や黄に青のりのついた緑色、肉桂《にっけい》の薄茶の五色が美しい。宮中五節会《ごせちえ》の色からとりあげ、王朝色ともいわれている。緑は木、赤は火、黄は土、白は金、黒は水を示すが、黒は忌《い》み嫌われて薄茶となっている。

これも金平糖《こんぺいとう》のように掛物《かけもの》類となるわけで、豆が命である。えんどうは十月頃から新豆がとれるので、十一月頃からの製品の味がよい。

夷《えびす》川《がわ》五色豆は、十日間かけてじっくりと作られる。最高級えんどうを三日間水にひたし、やわらかくなったら、ゆるやかな火で炒る。さました豆を選別し、五日間かけて、砂糖をかけるという。

さまざまな味が楽しめる豆菓子**味の旅**のほか、豆菓子以外にも団子や和三盆の干菓子などもある。

〒604-0965 中京区夷川通柳馬場西入
☎075-211-5211

定休日：日曜日
営業時間：8:00〜18:00
地方発送：有
駐車場：有（2台）
アクセス：市バス「裁判所前」より徒歩約5分
出店：京都髙島屋、大丸京都店、ジェイアール京都伊勢丹、京都駅周辺売店（P.185）ほか

「夷川五色豆」。色とりどりの愛らしい豆。1袋350円（税抜）～。

落花生を使った豆菓子「味の旅」。甘いものから辛いものまで多彩な豆のハーモニーが楽しめる。1袋250円（税抜）～。

丸太町かわみち屋

まるたまちかわみちや

河原町丸太町を西へ少し入った南側にある近代ビルが丸太町かわみち屋である。店内のたたずまいはビルの中を感じさせない老舗《しにせ》らしい落ち着いた風格である。

ここは京名物**そばぼうろ**の専門店である。香り高いそば粉を主原料に、小麦粉、卵、砂糖などを加えて焼きあげた、香ばしい菓子。口ほどけがよく、あっさりとしている。形は梅鉢形と小さな円形。

そば独特の野趣味あふれる風味と香りを菓子に生かしたそばぼうろは、いくら食べても飽きない枯淡風雅《こたんふうが》な伝統の味である。四季を通じてお茶うけに、そして贈答品としてよろこばれている。

そば饅頭《まんじゅう》は、そばぼうろの生地にこしあんを入れて焼いてある。上品な香りと甘さがほどよく調和して、風味豊かなおいしさである。

ほかに、肉桂《にっけい》の香り豊かなココナッツマカロン**松ぼっくり**や、御所の松にふりかかる粉雪を連想させる**松の雪**、そばぼうろの生地を薄焼きにしてあんをはさんだ**そばかさね**などがある。

[本店]

〒602-0875 上京区丸太町通河原町西入

☎075-231-2146

定休日：火曜日、元日

営業時間：9:00〜17:30

地方発送：有

駐車場：無

アクセス：市バス「河原町丸太町」下車すぐ

出　店：西ノ京店、京都駅周辺売店（P.185）、京阪ザ・ストア三条のれん街ほか

歯ざわりよく香ばしい「そばぼうろ」。袋入300円（税抜）～。缶入600円（税抜）～。

あっさりとした甘みが人気の「そば饅頭」。こしあんと抹茶あんがある。1箱5個入600円、10個入1200円（すべて税抜）。

御倉屋

みくらや

歴史は浅いが、初代が若い頃から京の老舗《しにせ》で修業し、仕事に打ちこんで戦後創業した。現在、三代目と四代目が菓子を作っている。

そして、独自の手練、手法をもってどこにもない新しい感覚の菓子を作ってきた。どれも味、色、形に工夫をこらし、量産できないが、心をこめてひとつひとつ手作りをしている。主人の菓子に対する情熱が感じられる。

旅奴《たびやっこ》は沖縄の八重山《やえやま》諸島・波照間《はてるま》島産の黒砂糖をアクぬきして煮つめ、ボーロにからめた菓子である。庶民の味を感じさせてくれ、故中村直勝先生の命名ときくが、ぴったりしたところがある。和紙の袋に入っていて、昔なつかしい気持ちにさせる菓子である。

夕ばえは白あんに卵の黄身をまぜ、丸めて焼いてある。こんもりした形に焦げ目がついて、割れ目ができている。やわらかすぎてくずれやすく、大切に扱いたいと思わせる。

量産しないので予約した方がよい。

〒603-8416 北区紫竹北大門町78
☎075-492-5948

定休日：1日、15日
営業時間：9:00〜18:00（予約による）
地方発送：有（ただし白美久良羹、美久良羹、旅奴のみ）
駐車場：無
アクセス：市バス「大宮交通公園」または「大宮大門町」下車すぐ
出店：無

●購入の際は要電話予約

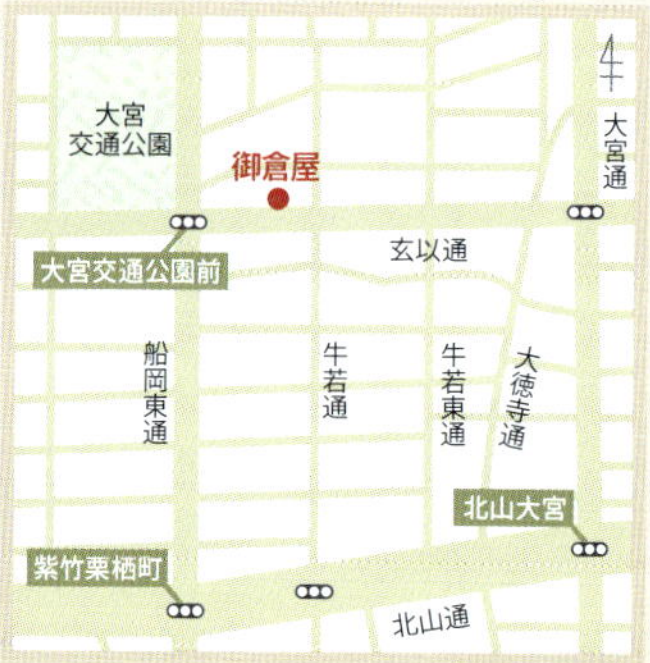

ボーロに黒砂糖をまぶした「旅奴」。1袋900円（税抜）。

やわらかい甘みがのこる「夕ばえ」。1個250円（税抜）。

水田玉雲堂

みずたぎょくうんどう

上御霊《かみごりょう》神社は、平安朝の頃、冤罪《えんざい》を受けて、怨念《おんねん》を抱きながら亡くなった王族、貴族が天災地変疫霊と化して世に災害をもたらすと信じられ、その怨霊をなぐさめるため、創祀《そうし》したと伝えられる。

そして貞観五年（八六三）五月にその悪疫退散のために神泉苑《しんせんえん》で御霊会《ごりょうえ》が催された。これが御霊会の最初で祇園会より少し早かった。

この御霊会のとき、一種の煎餅《せんべい》を作り、疫病《えきびょう》除《よ》けとして庶民に授与されたのが**唐板**《からいた》の最初とされる。もとは、遣唐使《けんとうし》が持ち帰った菓子の技法のひとつをそのままに伝えたものだという。

文明九年（一四七七）に水田玉雲堂で売られた。唐板は小麦粉と上白糖、塩少々、卵をまぜてこね、薄くのばして短冊に切り、銅板で両面を焼いた、淡白で風雅な菓子である。

自然の焦げ目が美しく、さくさくと歯ざわりがよい。

昔は氏子《うじこ》の宮参りには必ず唐板を求め、親戚知己にくばってわが子の幸福を祈ったものである。

〒602-0895 上京区上御霊神社前
☎075-441-2605

定休日：日曜日、祝日
営業時間：9:00〜18:00
地方発送：有
駐車場：無
アクセス：地下鉄「鞍馬口」駅より徒歩約3分
出店：京都・新宿髙島屋

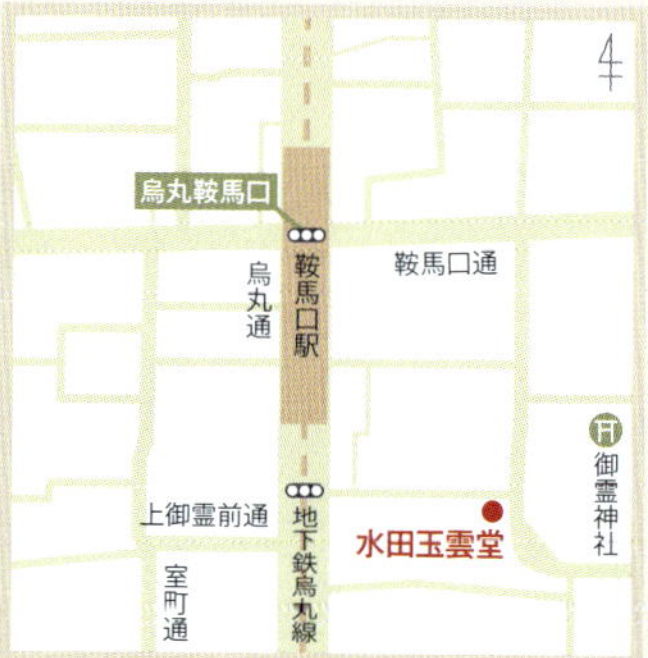

1枚として同じ模様はない「唐板」。

怨霊をなだめ、健康を祈る千年の歴史をもつ菓子。1袋649円（税抜）。箱入（2袋入）1408円（税抜）～。

紫野源水

むらさきのげんすい

紫野源水は、昭和五十九年（一九八四）に当代が創業。紫野の閑静な住宅街にたたずみ、近隣の寺院からの御用も多い。食べた人に「おいしかった」といわれることを何より大切にしているという主人がみずから厳選した材料を用いて作った菓子は、繊細で上品な味ながら、創意にあふれている。

栗きんとんは、毎年十月半ばから十一月半ば頃までの限定商品。同じく、丸々一個の丹波栗をこなしでつつんだ**かぐや姫**も秋限定である。ひとつずつ竹皮でつつまれて竹籠に入っており、竹藪の中で輝くかぐや姫に見立てられている。

また、夏には水羊羹《ようかん》の**涼一滴**《りょういってき》が人気。小豆を使った和三盆《わさんぼん》風味、白小豆を使ったごま風味の二種がある。煎茶茶碗入で、おみやげによろこばれる。五月の連休明けから九月半ば頃までの限定。

店には、季節にあわせて色とりどりの生菓子や干菓子が並んでいるが、いずれも数に限りがあるので予約をしておくとよい。ほかに、小豆を固め、すり蜜をかけた**松の翠**、近くにある紫式部《むらさきしきぶ》の墓にちなんで名づけられた麩焼煎餅《ふやきせんべい》**式部せんべい**などがある。

〒603-8167　北区小山西大野町78-1
☎075-451-8857

定休日：日曜日、祝日
営業時間：9:30～18:30
地方発送：有
駐車場：無
アクセス：市バス「北大路新町」より徒歩約1分、地下鉄「北大路」駅より徒歩約8分
出店：無

こしあんのあん玉を丹波栗のみでできたそぼろでつつんだ「栗きんとん」。1個450円（税抜）※。

白小豆のこしあんと薯蕷（じょうよ）をねった薯蕷ねりきり「紅葉狩」1個400円（税抜）※。有平糖の照葉1個100円（税抜）〜。

吉水園

よしみずえん

京七ツ口のひとつ、粟田口《あわたぐち》に天台宗《てんだいしゅう》の門跡寺院、青蓮院《しょうれんいん》がある。天養元年（一一四四）に天台座主《ざす》の行玄《ぎょうげん》の住した三条白川房にはじまり、比叡山《ひえいざん》東塔南谷にあった青蓮坊から名をとった。天明の大火のとき、光格天皇が仮皇居にされたので、粟田口御所とも呼ばれている。

本店は平安神宮から青蓮院、知恩院《ちおんいん》に至る東山観光のメインルート神宮道に面する。甘党の茶房を併設し、本わらび餅や四季折々の和菓子がいただける。

京おんなは京女の風情《ふぜい》を四季に分け、三味線《しゃみせん》をかたどった箱に入っている。春は桃色（しょうが入り）緑色（黒砂糖入り）、夏は本紅（梅肉あん）挽茶《ひきちゃ》色（挽茶あん）、秋は御所菊白色（白あん）山吹色（味噌）紫色（紫蘇《しそ》）、冬は小豆色（小豆あん）藍色（ゆず）と九色をとりあわせて、一味一味の変化を表現し、やさしい甘さとやわらかさをもっている。

椎餅《しいもち》は、このあたりに昔、椎樹が多かったところから由来し、求肥《ぎゅうひ》餅の絶品と評されている。

〒605-0033 東山区三条通神宮道南
☎075-561-0083

定休日：月曜日　営業時間：9:00〜18:00
地方発送：有　駐車場：無
アクセス：市バス「神宮道」または地下鉄「東山」駅より徒歩約3分
出　店：京都・新宿・日本橋髙島屋、ジェイアール京都伊勢丹、京都駅周辺売店（P.185）、ほか全国百貨店

※本店に喫茶スペース有

京の四季を思わせるやさしい彩りの「京おんな」。27個入1050円(税抜)。

きなこ餅とこしあん入りの「椎餅」。20個入1400円(税抜)。

緑菴

りょくあん

哲学の道を少しはずれた鹿《しし》ケ《が》谷《たに》通に、のれんがひっそりとその存在を告げている緑菴。末富で修業後、昭和五十四年（一九七九）に開店した。

味の決め手はあんによるという主人。科学的に糖度は同じでも、あんの炊き方、さらし方によって、口の中に入れた印象がかなりちがうという。素材のもち味を生かした甘さの菓子作りをしている。

麩焼煎餅《ふやきせんべい》の**みどり**は、ほのかな甘さにさっくりした抹茶味と淡いしょうゆ風味がきいている。口の中でまろやかにとけてなくなっていく。

また月がわりで作られる五種類の蒸菓子もおすすめ。京都の暦を見ているかのような風情《ふぜい》がある。

十月を代表する蒸菓子は、栗きんとん、菊（こなし）、貴船（上用《じょうよう》）など。四月を代表する蒸菓子にはきんとんの山吹、柳桜などがある。いずれも伝統を受けついだ正統的なものが中心である。

〒606-8404 左京区浄土寺下南田町126-6
☎075-751-7126

定 休 日：第2・4水曜日（祝日の場合は営業）
営業時間：10：00～19：00
地方発送：有（蒸菓子以外）
駐 車 場：無
アクセス：市バス「浄土寺」または「南田町」下車すぐ
出　　店：無

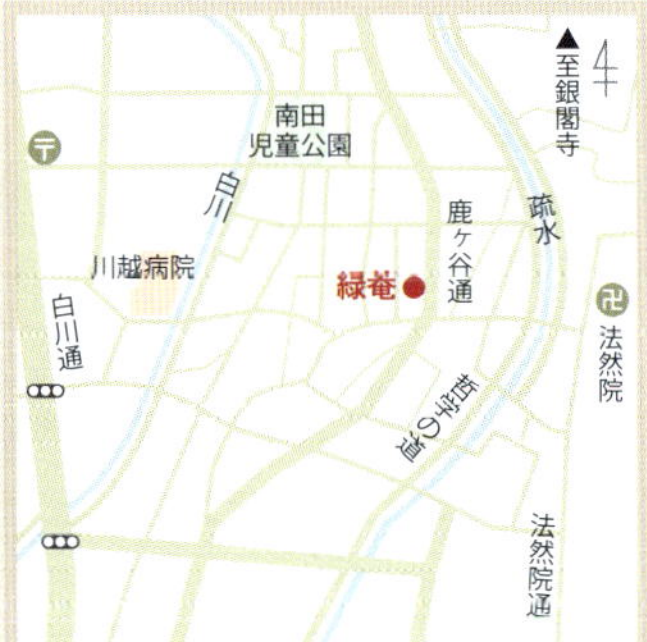

抹茶と淡いしょうゆ風味の麩焼煎餅「みどり」。箱入1320円(税抜)～。

月がわりで作られる蒸菓子のうち、奥から秋の栗きんとん、「山路」(こなし)、春の「葵」(求肥)、きんとん「山吹」、「柳桜」。各1個362円(税抜)。栗きんとんは1個400円(税抜)。

緑寿庵清水

りょくじゅあんしみず

弘化四年（一八四七）に創業以来、百万遍《ひゃくまんべん》で伝統を守り続ける、日本で唯一の金平糖《こんぺいとう》専門店。初代が砂糖味の金平糖を作りはじめ、四代目から本格的に素材を加えた風味のある金平糖を作り出し、現在は五代目を中心に金平糖作りにはげんでいる。

金平糖の歴史は古く、天文十八年（一五四九）にポルトガルからもたらされた異国の品々のひとつといわれており、中でもひときわ美しく、人々の目を引いたという。宣教師によって織田信長に献上され、公家や武家の間でも珍重され、長崎をはじめ、京都、江戸と広まり親しまれるようになった。

金平糖にはレシピがなく、気温や天候によって蜜の濃度や釜の角度と温度、釜で転がる金平糖の音を聞き、状態を見極めて五感を使いながら体で覚えていく一子相伝の技である。

「時間をかけて育てていく」という意味があり、結婚式の引出物や出産祝いなどに適したおめでたい菓子である。

〒606-8301 京都市左京区吉田泉殿町38-2

☎075-771-0755

定休日：水曜日、第4火曜日（祝日の場合は営業）
営業時間：10:00～17:00
地方発送：有
駐車場：有（3台）
アクセス：市バス「百万遍」より徒歩約2分、京阪「出町柳」駅より徒歩約10分
出店：無

贈答に最適な「菓懐石（かかいせき）」。上段は苺・林檎・めろん・巨峰・檸檬の5種、下段は究極の金平糖・季節限定の金平糖・特選玉あられの金平糖の5種計10種。1箱8150円（税抜）。

小袋6個入詰合せ。苺・蜜柑・檸檬・めろん・巨峰・天然水サイダー。詰合せ6種3540円（税抜）。

京菓子用語集

小豆　あずき
マメ科の一年草で、栽培の起源は古く、現在では中国、韓国、日本などに限られ、栽培されている。わが国では北海道が全国生産の約八十%を占めており、北海小豆がもっとも有名である。小豆は早生《わせ》、中生《なかて》、晩生《おくて》の三種に分けられ、早生には小粒のものが多く、大粒には赤の大納言《だなごん》、斑《ふ》入の鼠《ねずみ》小豆、雉《きじ》小豆、鶉《うずら》小豆などがある。

飴　あめ
米、芋などの澱粉《でんぷん》を麦芽《ばくが》、酸で糖化させた、ねばりのある甘い菓子。

有平糖　あるへいとう
砂糖を煮詰め、冷やして棒状にし、細工をする。飴※とは異なり、南蛮菓子として渡来した砂糖菓子。光沢のある飴のままのものは茶席には適さない。工芸菓子に使用される透明度のある有平糖と、茶席に使われる砂糖菓子になる二種ある。

粟　あわ
イネ科の一年草。穀類中、米麦について重要農産とされる。うるち粟ともち粟とあるが、もち粟の方が食味が優れ、餅、飴※、飯、酒に使われる。

熬粉　いりこ
もち米を蒸して乾燥させ、熬《い》りあげたもの。くだいた大きさによって丸種、岩種、荒《あら》粉《こ》種、真挽《しんびき》粉、※微塵粉《みじんこ》などに分けられる。

外郎　ういろう
米の粉に砂糖を加えて蒸したもの。色、形を変化させ、種類も多い。

打物　うちもの
もち米粉に砂糖、※微塵粉《みじんこ》などをまぜあわせ、木型に入れて固め、打ち出したもの。

押物　おしもの
木枠に押しつけて作る。材料的に色分けして重ね、季節的または趣向で組みあわせて彩りを変える。一般的に作りやすく、木枠さえあれば作れる。もち粉、豆粉、玄米粉などに砂糖、和三盆※をまぜあわせる。大徳寺納豆や口にさわらないものをまぜてもよい。

主菓子　おもがし
茶席濃茶用の蒸《む》・生《なま》菓子。

かけもの
砂糖などの衣をかけたもの。

片栗粉　かたくりこ
カタクリの根からとった澱粉《でんぷん》。根をとり、よく搗《つ》きくだいて、水を加え、臼でつぶして木綿の袋の中に入れて水中で澱粉を洗い出して精製する。現在市販されているものは、ほとんどジャガイモ澱粉である。

寒天　かんてん
テングサという海藻を煮た液を凝固凍結させてから乾燥させたもの。※羊羹《ようかん》、みつ豆などに用いられる。角寒天、糸寒天、粉寒天の三種類ある。使うときは必ず水に十分つけて、やわらかくしておくと早くきれいにとける。なお、砂糖を入れるときは寒天がとろけてから入れる。

寒梅粉　かんばいこ

熬粉《※いりこ》の中の焼微塵粉《※みじんこ》をさらに細かくしたもの。主に関西で用い、菓子や和菓子種のつなぎに用いる。

生砂糖　きざとう

雲平《うんぺい》ともいい、砂糖に微塵粉《※みじんこ》をまぜ、薄くのばして流水や水草などを作る。夏季、暑さのために有平糖《※あるへいとう》が使えないので、代用される。

きなこ

大豆を熬《い》って粉にしたもの。香ばしく、澱粉《でんぷん》、タンパク質、脂肪に富んでいる。

黍　きび

イネ科の一年草。実は光沢のある淡黄白色で粟※よりもやや大きい。うるちともちとがあり、もち黍が、餅、団子、酒の材料に使われる。

求肥　ぎゅうひ

古くは牛皮、牛脾とも書く。蒸した白《※しら》玉粉《たまこ》に白砂糖とさらし水飴とを加えてねり固めたもの。あん入り、あんなしともに一般によろこばれ、求肥を応用した菓子も全国に多い。

錦玉　きんぎょく

琥珀《こはく》ともいう。寒天※を煮とかし、砂糖を加えて煮詰め、冷やし固めたもの。透明感が涼味をさそい、夏菓子に適している。

きんとん

金団とも書く。あんを裏ごしし、そぼろ状にしたものをあん玉のまわりにつけたものをいう。外側をつつむ裏ごししたあんの種類と色の組みあわせによって、銘が楽しめ、茶菓子にふさわしい菓子。

葛　くず

秋の七草のひとつで、マメ科に属している。葛の塊根をとり、泥を洗ってたたきつぶし、臼で挽《ひ》く。それを布袋に入れて水でもみ出し、沈殿させて採取したものをさらに漂白乾燥させる。この葛粉は料理、菓子によく使用する。各種澱粉《でんぷん》中、もっとも良質とされ、滋養によい。吉野のものが有名。

黒砂糖　くろざとう

サトウキビの汁をしぼって煮詰めた砂糖。カルシウムや鉄分を多く含んでいる。糖度は八十五％くらい。甘さが濃厚で強い風味がある。

芥子　けし

罌粟とも書く。ケシ科の越年草。種を焙じると香りを放って風味が出、料理、菓子に用いられる。

こなし

蒸菓子の一種。こしあんに薄力粉をあわせて蒸しあげ、やわらかくもみこなしたもの。独特の弾力があり、棹物《※さおもの》や茶巾絞りの菓子に用いる。

琥珀　こはく

→錦玉　きんぎょく

小麦粉　こむぎこ
小麦粉にはグルテンの多少によって、強力粉、中力粉、薄力粉の三種類に分けられる。菓子用としては薄力粉をよく使う。粉を使うときはよくふるってから使うとかたまりがなくなり、粉が空気をふくみ、軽く仕あがる。

棹物　さおもの
細長いところからつけられた名。流物、寄物《よせ》、蒸物などがあり、※羊羹《ようかん》に代表される。ときに応じて大小、厚薄を好みに切り分けることができ、突然の来客に量の増減ができ、重宝される。

砂糖　さとう
現代の甘味の中では最高のもので、菓子には必需品となっている。原料は甘《かん》蔗《しょ》と甜菜《てんさい》の二種からとるが、甘蔗糖に代表される。現在、砂糖の種類には、※黒砂糖、赤砂糖、白砂糖、赤ザラメ、赤車糖《あかくるま》、黄ザラメ、黄車糖、白ザラメ、三盆白、氷砂糖、角砂糖などがある。

薯蕷　じょうよ
山芋《やまのいも》のこと。これをすりおろし、饅頭の皮のつなぎに使い、あんなどをつつんで蒸しあげたものを薯蕷饅頭という。

白玉粉　しらたまこ
もち米を水洗いし、石臼で水挽《び》きし、沈殿したものを乾燥させたもの。色が純白で、艶のよいものが良質である。一般に※餅菓子、※求肥《ぎゅうひ》、団子などに多く使われる。

糝粉　しんこ
うるち米を臼で挽《ひ》いて粉にしたもの。米粉ともいう。菓子の材料として、餅類（草餅、※洲浜《すはま》、柏餅など）に多く用いられる。味に重みがあり、淡泊で情趣がある。

洲浜　すはま
大豆粉、水飴、白砂糖などをねりあわせ、形をつけたもの。※棹物《さおもの》で小口切りにする。

※煎餅　せんべい
小麦粉またはもち米、うるち米の粉に砂糖を加えて種を作り、焼型または焼板で焼いたもの。現在、煎餅の種類は数え切れないほどあるが、大半は番茶、煎茶の菓子で、抹茶には餅種菓子を二枚に切りはなして、間に味噌あんや砂糖をはさんだものを使う。

道明寺粉　どうみょうじこ
水漬けしたもち米を蒸して乾燥させ、粗挽きしてふるいにかけ、粒をそろえた粉。桜餅などに用いたりする。大阪府藤井寺市にある道明寺の保存食とされていたのが名称のはじまり。

肉桂　にっけい
俗称はニッキ。シナモンのこと。肉桂の樹皮（桂皮《けいひ》）を乾燥させた香辛料。

ねりきり
あんにつなぎを入れ、細工した菓子。

白雪糕　はくせつこう
精白したうるち米粉ともち米粉とを等分にあわせて白砂糖を加え、山芋や蓮の実の粉末にしたものを加えてまぜ、蒸して好みの型に打ち抜き、乾燥したもの。※落《らく》雁《がん》に比べると、白雪糕は概して色が白く、舌ざわりもなめらかである。

半生菓子　はんなまがし
生菓子と※干菓子の間にあたる菓子。※かけもの、※求肥《ぎゅうひ》、※羊羹《ようかん》、※もなかなど、生菓子より日もちがする。

干菓子　ひがし
乾菓子とも書き、惣菓子ともいう。乾いた和菓子のことで生菓子に対していう。※有平糖《あるへいとう》、※落雁《らくがん》、※煎餅《せんべい》、※打物《うちもの》などをいう。

饅頭　まんじゅう
小麦粉に甘酒などを加えてこね、中にあんをつつんで蒸して作る菓子。※薯《じょう》蕷《よ》、おぼろ、※葛などと変わった種類が作り出され、時代の味覚の変化とともに新しいものも生まれている。

微塵粉　みじんこ
※熬粉《いりこ》のひとつ。もち米を蒸して乾燥させて、熬りあげ、細かくしたもの。挽微塵と焼微塵の二種があり、挽微塵は上菓子用に、焼微塵は雑菓用に用いられる。

麦こがし　むぎこがし
大麦、裸麦を熬《い》って粉にしたもの。大麦を用いる関東では麦こがし、裸麦を用いる中部以西ではいりこ、はったい粉と呼ぶ。香ばしくて味のよいものである。砂糖を加えてそのまま食べてもよく、麦※落雁《らくがん》の原料にされている。

村雨　むらさめ
米粉とあんをまぜて蒸したもの。

餅菓子　もちがし
材料にもち米またはうるち米を使う。餅菓子は二種類に分かれ、餅皮にあんをつつんだものと、あんを餅の外側につけたものがある。

もなか
昔はもち米を水でこね、蒸して薄くのばして丸く切って焼き、砂糖をかけたものであったが、その後、内側がへこんだもなか皮にあんを入れてはさんだものになった。形も、もとは円形であったが、現在は角形、分銅形、小判形など種々ある。

桃山　ももやま
京都の地名から名づけられた。白あんに砂糖と卵黄、少量の※微塵粉《みじんこ》、葛粉をねりまぜて焼きあげたもの。

羊羹　ようかん
あんに砂糖を入れ、※寒天を加えてねるか、蒸し固めたもの。※棹物《さおもの》として寒天、砂糖をもとにして、ねり羊羹、蒸羊羹、柿羊羹など品種も多い。

落雁　らくがん
うるち米、もち米、麦、大豆、小豆などの粉に砂糖を加え、ねりあげて乾燥させた型物菓子。非常に風雅で独特の風味を持っている。茶菓子として四季折々に利用され、年中使われる。

和三盆　わさんぼん
日本の伝統的な製法で作る淡い卵色の砂糖。三盆白とも呼ばれている。結晶が非常に小さく、口に入れるとすぐとけ、独特の風味をもつ。和菓子の原料として珍重される。

和菓子よもやま話

鈴木宗博

◎和菓子の思い出

初めて食べたお菓子の記憶はありませんが、私が子供の頃は昭和三十年代後半、すでにあらゆるものが豊富に売られていました。お菓子屋さんに行けばチョコレートやガム、スナック菓子の新作が続々と発売され、海外のお菓子も普通に買える時代でした。

和菓子においては父が茶道を教えていたことと、和菓子の本を出版していたこともあり、いつもなんらかの和菓子が家にあり、家族が集まってお菓子を食べ、私は、作法も知らずにお抹茶をいただいていました。

まだ幼い頃に楽しみだったのは、近所のおじいさんがどこからか仕入れたお菓子を木箱に沢山入れて売りに来るとき、母が生菓子を買っている横から、銀紙に包まれたお気に入りのチョコレート饅頭《まんじゅう》を一つ買ってもらうことでした。その饅頭は少しチョコレートの風味がする焼皮の饅頭で、饅頭とチョコレートといった組み合わせが子供心にめずらしかったのです。

また、夏になると祖母が、渦《うず》や楓《かえで》を模《かたど》った陶器に葛を流しこんで、ほんの少し水をはった器に並べ、徐々に冷し固めた葛菓子を作ってくれたり、砂糖に寒梅粉《かんばいこ》、またはきなこを使い、木型に押しこんで干菓子を作っていたのは懐かしい思い出です。

その頃食べた生菓子は、茶道のお稽古で使われたものや、いただきものだったのですが、時折、撮影に使った各老舗《しにせ》の生菓子が木箱の中にずらりと並んでいたこともありました。好きなお菓子を何個でも食べてよいといわれたものの、当時の私は二つくらいが限界で、どこのお店のお菓子かもわからず、山道《やまみち》やきんとんなど、色数の多いものを選んで食べていたと思います。
贅沢《ぜいたく》な話ですが、生菓子は傷みが早く、撮影に使ったものなのでよそ様にさしあげるわけにもいかず、作ってくださったお菓子屋さんに感謝して、子供たちが協力したということになるのでしょうか。

和菓子の箱や包装紙、ラベルなどもおそらくこの頃より少しずつ改良され、竹の籠《かご》や竹の皮などの包みは減って、紐や印刷の雰囲気も変わり、お菓子一つ一つが袋に入って真空パックされた、ある意味、味気ない、清潔感のある商品に変わっていったものもあります。それは時代の変化と、食品衛生の流れによってやむを得ないことであったのでしょう。

しかし、このような中でも、有名な書家、日本画家、版画家が意匠したものを今も変わらず包装紙や紙袋、紙箱に使用している菓子舗も多く、お菓子を食べた後も包装紙や箱を取っておく方も多いのではないでしょうか。現在は新たにパッケージを専門に作るデザイナーや業者も多く、新商品も続々と登場して、昔とは違った箱などが目を引いています。

◎菓子で感じる京の四季

京菓子の中には、ふと食べたくなって手に入れる菓子とは別に、季節やタイミングがずれると次の年まで出会えない菓子も数多くあります。

そういった菓子は季節が近づくと「そろそろ作り始めておられますよ」とか「先日、早速いただきました」などとお菓子好きの会話に情報が出てくるので、楽しいものです。

また当日しか買えないお菓子も数多くあり、一ヶ月前近くから予約のいるものや、一定期間買えるものなど様々です。生菓子などは十二ヶ月、または二十四節気のサイクルで変化することが多く、季節や節句、伝統行事、祭りなどにあわせた菓子も作られます。

例えば六月三十日の「夏越《なごし》の祓《はらい》」では、一年の前半の穢《けが》れをはらう「茅《ち》の輪《わ》くぐり」や人形《ひとがた》を流して身を清める行事が神社で行われますが（七月に行う神社もあります）、この日、水無月《みなづき》という氷に見立てた三角のういろうに小豆を散りばめた厄除けの菓子が売られます。この水無月は六月の間売られているお店と、行事が行われる三十日にしか作らないお店があります。

七月の祇園祭《ぎおんまつり》には、稚児《ちご》餅や宵山《よいやま》団子、八坂《やさか》餅に八坂の紋入り葛焼《くずやき》、七月十六日限定の行者《ぎょうじゃ》餅（要予約）などが作られます。春はわらび、夏は葛、秋は栗、冬は自然薯《じねんじょ》やそばなどを使った菓子があり、これらに出会うと「今年も美味しくいただくことができた」と季節感を感じるのも、一つの京都らしさではないかと思います。

◎伝統を守るということ

京都は和菓子や京料理など、有職故実に基づいた伝統をもつものが多く見られますが、これを維持していくため、若い方々に相伝することも大事です。

先日、伝統文化を守る点で一番大切なものは技術だけではなく、心であるとお聞きしました。伝統文化とは、伝統を学び、感じとることで己を養い、そこから生み出されるもので、見た目の形だけにとらわれず本質を知ることが伝統を守ることだと思います。

裏千家の茶室の、大炉の間の襖には十一代玄々斎《げんげんさい》の反故襖《ほごぶすま》があります。その襖には「以心伝心、教外別伝、不立文字」と書かれており、これは「心から心に伝えて一文字もなし」といったことだとお聞きしました。文字で表現すれば見る人によってとらえ方が違う、本を読んで感想が違うのと同じく、それを超えたところに本当に得なければならない相伝の心があるということです。

最近は一部で和菓子も、和スイーツという造語で呼ばれることもあり、洋菓子に和の材料、和菓子に洋の材料を用いた菓子も多く登場しています。若い人の中には、餅、チョコレート、生クリーム、ケーキなどの甘いものが苦手という方も少なくありません。お菓子が「あまり甘くなくて美味しい」という言葉が不思議だと嘆く店のご主人もおられます。時代により、嗜好《しこう》が少しづつ変化している様な気もいたしますが、我が家では三代にわたって同じ菓子を食べ、楽しませていただいております。もしくはもっと先のご先祖からお世話になっているかもしれません。

これからも長きにわたっての京菓子文化を守り伝えていただき、いつまでも残り続ける名菓を作っていただきたいと念じております。

京菓子のあゆみ

菓心伝古今

柳・桜が川面を彩る鴨川、そして東山の美しい山並み。――京の町は伝統とのれんを守り、産業は皆の力で伝えられてきました。

町々は時代とともに変貌しつつあります。しかし、京菓子は全国の範となり、先人達の作られた道を学び、技術向上して今に伝えられてきました。一子相伝の技を続ける老舗《しにせ》も多いようです。若い世代の人達も親世代に負けずおとらぬ作品を生み出しているのはうれしい光景であります。

京の菓子舗では、親から子へ、子から孫へと一筋の道を伝え、今も家伝・家訓が守られています。ひとつの菓子にも京の香り、時代の味覚を考えているのです。

菓子の歴史

京菓子のあゆみは、日本の菓子の歴史に重要な役割をになっているといっても過言ではないでしょう。農耕の民であった古代人はもち米やうるち米、麦、粟《あわ》などを食し、「古能美《このみ》」（木の実）、「久多毛能《くだもの》」（果物）を採取していました。この果物が菓子の最初とされていますが、まだ「菓子」という言葉は登場していませんでした。

果物と異なるもうひとつの菓子の系譜として餅があります。餅は、主食の米や麦などの穀物をまぜあわせたもっとも古い加工品で、上代から神聖視されており、儀式など祭典の供物として用いられていました。

　奈良時代、聖武天皇の詔勅に「橘は果子の長上、人の好む所」とあり、平安時代の書物『類聚雑要抄《るいじゅざつようしょう》』には天皇競馬行幸の折の献立に「御菓子膳」の記述があらわれます。この頃の菓子は、やはり果物中心で、江戸時代まで「果物と菓子」の区分はされていませんでした。

　しかし、その時代の菓子に多大なる影響を与えたのが、「唐菓子」と呼ばれた遣唐使によって中国から伝来した菓子類でした。唐菓子の多くはもち米やうるち米、または麦をこねあげたり、大豆・小豆に少し塩を入れ、油であげたものが多く、神仏のお供えや貴族の饗宴《きょうえん》に用いられました。木の実や餅などとともに神仏

に供される唐菓子は、今日では神饌《しんせん》と供饌に区別されがちですが、明治以前の神仏混淆《しんぶつこんこう》の時代にはその多くが共通したものであったと考えられています。

京菓子の誕生

　京菓子は、平安遷都以来、千二百年にわたる都の歴史と文化の中で育まれてきました。

　鎌倉時代、建久二年（一一九一）に栄西禅師が禅宗とともに茶を持ち帰り、茶に対する菓子「点心」も伝来します。「点心」は「茶の子」とも呼ばれ、おやつ、間食を意味しており、羹《あつもの》が主流でした。この羹こそ、現在の羊羹《ようかん》の原形で、この時代の点心にわが国の菓子の多くの源流を見ることができます。

天正の頃には、茶の湯が発達し、日本的な菓子の製作が進んでいきます。「京菓子」の名称は、寛永四年（一六二七）の『松屋会記《まつやかいき》』に「京菓子色々」と記されたのが早い記録ですが、京菓子とは、本来江戸時代の関東で呼ばれていたもので、京都では「上菓子」と呼ばれ、語源は朝廷に奉上した献上菓子に由来します。

京菓子に大きな影響を与えたのが、宣教師などによって十六世紀末に伝えられた南蛮菓子です。それまでの日本の菓子は、飴や甘葛煎《あまずらせん》で甘みをつけていた無糖時代であり、金《こん》平糖《ぺいとう》のような菓子や、卵を使用したカステラなどはおどろきであったと思われます。

砂糖は、奈良時代に来朝した唐僧鑑真《がんじん》が黒砂糖を献上したのが、わが国はじめての砂糖の伝来とされていますが、当初から貴重な薬として用いられたようです。室町時代には、砂糖も中国から輸入されるようになっていますが、その量は少なく、主として特殊階級の嗜好《しこう》品であったと思われます。また、わが国で卵がさかんに食されるようになったのも南蛮文化の影響とされています。

京菓子が大成されたのは、元禄期（一六八八〜一七〇四）とされており、菓子を楽しむ風習が貴族から庶民の生活に普及しはじめます。安永四年（一七七五）には、菓子の粗製濫造を防ぐため、菓子屋を二百四十六軒に制限する協定を作り、これを「上菓子屋仲間」と称しました。これにより、ますます菓子の技術は向上し、茶の湯の発展とともに趣味・趣向をもって作られ、有職故実にちなんだ菓子は「有職菓子」と名づけられ、菓子技術だけでなく、

菓子の中にこめられた文学性・芸術性を高めることになりました。

茶の湯の菓子は、濃茶で使う主菓《おもが》子《し》（蒸・生菓子）と薄茶で使う干菓《ひが》子《し》があります。干菓子は乾菓子とも書き、落雁《らくがん》・有平糖《あるへいとう》・煎餅《せんべい》の類のことをさします。また、家元のお好みを好み菓子といい、今でもさまざまな菓子があります。

菓子はよく五感の芸術と称され、視覚・触覚・嗅覚・味覚・聴覚の五感を満足させるものですが、特に聴覚の要素である菓銘は、花鳥風月や風景など、清雅な日本的感性のものが多く、それによって一層の味わいと風情を高めてくれます。

京菓子の歴史を考えると、まさに京菓子は京都千二百年の文化の結晶であるということができます。しかもその技術を伝統として伝承するだけでなく、今も菓子司達の日々の研

鑽や創意工夫によって、新しい名菓が作られているところに、京菓子の魅力があるといえます。

禁裡を中心とした公家方や大名、神社仏閣に納める献上菓子が必要とされたことが大きく、さらに茶道の発祥の地として茶の湯に用いる菓子が創作されることによって、京菓子は飛躍的に発達したといえるのです。

本書は、京菓子をたずねていただくガイドブックですが、菓子は生きもののように刻々と味わいが変わっていくものです。店主も客の心になり、生まれるひとつひとつの京菓子を大切にして、心をくばり、変わらぬ味を伝えられるように願っています。

鈴木宗康

おわりに

本書を作るにあたり、改めて約八十軒のお店の菓子を撮影するとお話があり、気楽に構えていたものの、いざ準備に入ると何十枚もの器を用意し、日を変えながら、朝から夜まで約五日ほどの時間を費やしました。まず、お菓子に合わせて器を選び出し、器を置く布の色を選び、カメラマンとチェックしながら一点一点お菓子を盛り付ける作業から始まりました。一堂に集まってくるお菓子はどれも大変興味深く、長かったけれど、とても良い時間をいただいたと思います。

撮影において、お菓子の正面や煎餅の裏表など、できる限りお店に確認し、注意して盛り付けましたので、お菓子によっては盛り付けも参考にしていただける本になったと思います。

時代とともに老舗《しにせ》のお菓子も大きく変化したかと思いましたが、こうして撮影してみると、昔ながらの伝統的なものは変わることなく、茶席の生菓子や干菓子、または京みやげとして、今も多くの方から愛され続けていることがわかりました。

本書を見て生菓子や干菓子を買われる際の注意点を少し述べさせていただきますと、まず、茶席などで使う生菓子は、予約する方が確実です。店舗や数量によっても異なりますが、七〜十日前にお電話されることをお勧めします。また店により、注文菓子は十個からというお店もあります。京菓子は季節や気候を重んじているので、本書に掲載されているものを希望されても季節でない商品は店頭にありませんので、各店舗にご確認ください。

このようなことを書くと、とても敷居が高くて買えない恐ろしいもののような感じもいたしますが、生菓子は生きものであり、美味しいものを食べて欲しいという菓子舗の気持ちがこめられたものなので、いただく方もその気持ちを大切にしたいものです。私も茶席で使う折は、この時期にどのような菓子があり、茶会当日に欲しい数量が作れるかなど、細かく打ち合わせをいたします。

早い時間にお店を訪ねると、当日分の生菓子が数種類だけケースに並んでいることもあり、それらは一つからでも購入できますが、場合により、なかなか購入できないものもあります。また、ご自身やお友達と季節の和菓子を食べてみたいという方は、菓子舗によってはお客さんの目の前で作って出している店もありますので、訪ねてみるのも楽しいかと思います。

本来は各店を訪れて、その店の歴史や雰囲気を感じながら菓子を買うことが理想ですが、時折、観光で京都を訪れた方に、夕方頃あわてて「あいているお菓子屋さん、どこかありませんか？」と聞かれることがあります。夕方になると閉まる菓子舗が多いので、そのような場合は百貨店や駅の売店に行かれることをお勧めします。遅い時間だと商品の売切れが多いかもしれませんが、多くの老舗が出店しています。本書にもできる限り詳しく、出店情報を掲載していますのでぜひご参照ください。

最後に、本書の出版にあたり、数多くのお店にご協力いただきましたことを深く御礼申し上げます。お声をかけさせていただいた時には、快くご賛同いただき、時には無理なお願いまでお引き受けくださいました。只々感謝の気持ちでございます。

父、宗康が逝去した後は和菓子の本も少し減り、寂しい気持ちもございましたが、今回このような機会をいただきまして、多くの老舗菓子舗の皆様から父の思い出などを楽しくお聞きし、改めて父の偉大な功績を感じられたことを、菓子舗の皆様はじめ、淡交社様に重ねてお礼申し上げます。

鈴木宗博

菓子舗広域MAP
賀茂川
上賀茂神社
神馬堂
葵家やきもち総本舗
国際会館
八幡前
宝ケ池
長久堂
御倉屋
北山通
松ケ崎
京のおせん処田丸弥
北山
川端道喜
修学院
高野川
367
一和
嘯月
今宮神社
大徳寺
北大路
京阿月
宝泉堂
一乗寺
叡山電鉄
松屋藤兵衛
竹濱義春
紫野源水
下鴨神社
茶山
白川通
千本通
聚洸
鞍馬口
千本玉壽軒
水田玉雲堂
亀屋粟義
元田中
老松
鶴屋吉信
京菓子司俵屋吉富
大黒屋
阿闍梨餅本舗満月
龍安寺
今出川通
等持院
北野天満宮
出町柳
今出川
鎌餅本舗
本家玉壽軒
とらや
粟餅所・澤屋
百万遍かぎや政秋
緑菴
北野白梅町
塩芳軒
烏丸通
緑寿庵清水
本家八ッ橋西尾
長五郎餅本舗
金谷正廣菓舗
京都御苑
聖護院八ッ橋総本店
丸太町通
神宮丸太町
丸太町
円町
笹屋湖月
東大路通
182頁へ
鼓月
二条城前
烏丸御池
西大路御池
二条
京菓子司平安殿
京都市役所前
三条
東山
蹴上
堀川通
吉水園
嵐電嵐山線
大宮
河原町
四条通
西院
祇園四条
烏丸
四条
四条大宮
京都鶴屋鶴壽庵
JR山陰本線
五条通
9
丹波口
五条
清水五条
京都駅前駿河屋
甘春堂
西大路通
亀屋陸奥
七条
1
七条通
京都
東福寺
JR東海道新幹線
東寺
九条
西大路
九条通
十条
十条
鳥羽街道
十条通
伏見稲荷
笹屋伊織
稲荷
1
上鳥羽口
くいな橋
深草
久世橋通
桂川
藤森
竹田
近鉄京都線
京阪本線
京都南IC
JR藤森
名神高速道路
城南宮
墨染
おせきもち
JR奈良線
伏見
丹波橋
近鉄丹波橋
総本家駿河屋
六地蔵
六地蔵
伏見桃山
桃山
桃山御陵前
桃山南口
六地蔵

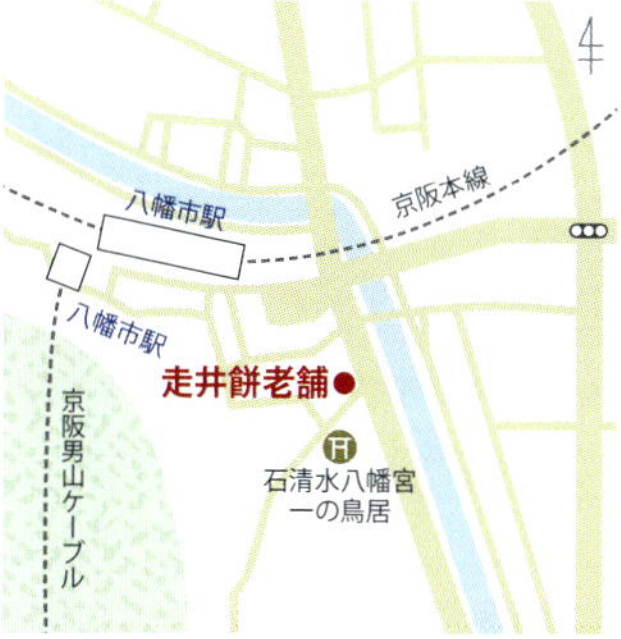
八幡市駅
京阪本線
八幡市駅
京阪男山ケーブル
走井餅老舗
石清水八幡宮
一の鳥居

八　幡

宇治川
京阪宇治線
宇治駅
宇治橋東詰
宇治橋西詰
宇治橋
JR奈良線
能登椽
稲房安兼
宇治駅
平等院
表参道
平等院

宇　治

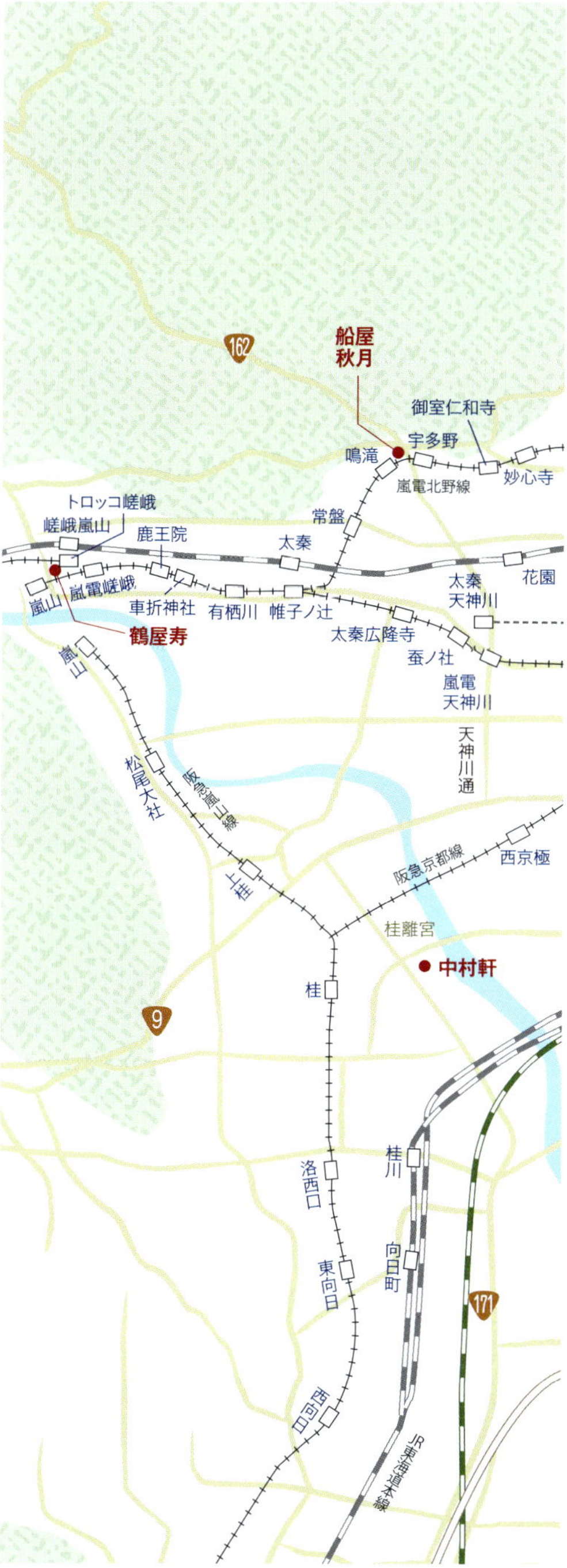
162
船屋
秋月
御室仁和寺
宇多野
鳴滝
妙心寺
嵐電北野線
トロッコ嵯峨
嵯峨嵐山
鹿王院
常盤
太秦
花園
嵐山
嵐電嵯峨
車折神社
有栖川
帷子ノ辻
太秦
天神川
鶴屋寿
太秦広隆寺
蚕ノ社
嵐電
天神川
嵐山
天神川通
松尾大社
阪急嵐山線
上桂
阪急京都線
西京極
桂離宮
中村軒
桂
9
桂川
洛西口
向日町
東向日
171
西向日
JR東海道本線

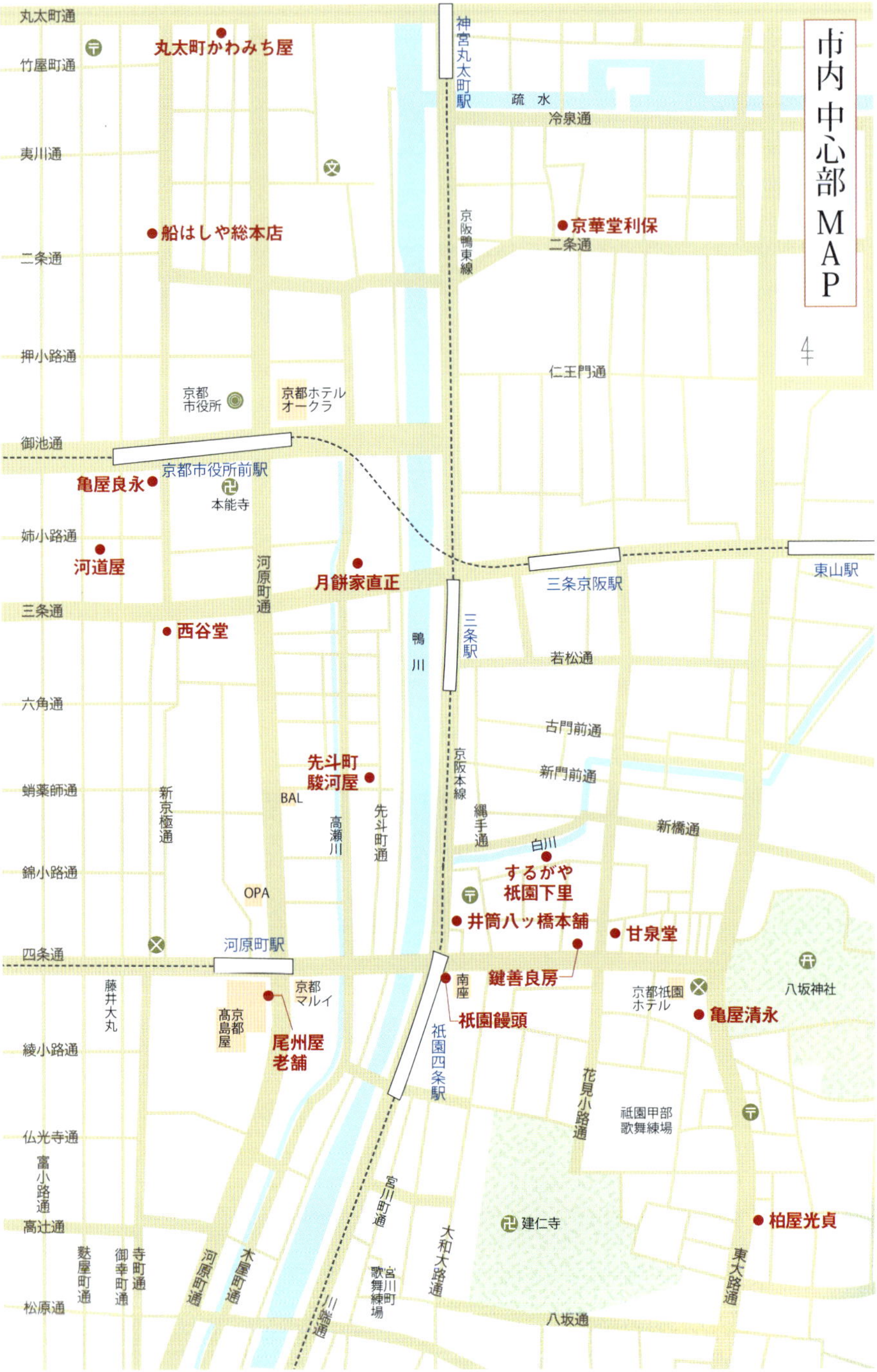

市内中心部MAP
丸太町通
竹屋町通
夷川通
二条通
押小路通
御池通
姉小路通
三条通
六角通
蛸薬師通
錦小路通
四条通
綾小路通
仏光寺通
高辻通
松原通
丸太町かわみち屋
船はしや総本店
京都市役所
京都ホテルオークラ
京都市役所前駅
亀屋良永
本能寺
河道屋
月餅家直正
河原町通
西谷堂
先斗町
駿河屋
BAL
新京極通
高瀬川
先斗町通
OPA
河原町駅
京都マルイ
藤井大丸
高島屋
京都高島屋
尾州屋老舗
富小路通
麩屋町通
御幸町通
寺町通
河原町通
木屋町通
川端通
宮川町通
宮川町歌舞練場
大和大路通
神宮丸太町駅
疏水
冷泉通
京阪鴨東線
京華堂利保
二条通
仁王門通
三条京阪駅
東山駅
三条駅
鴨川
若松通
古門前通
新門前通
京阪本線
縄手通
新橋通
白川
するがや祇園下里
井筒八ッ橋本舗
甘泉堂
鍵善良房
南座
祇園饅頭
祇園四条駅
京都祇園ホテル
亀屋清永
八坂神社
花見小路通
祇園甲部歌舞練場
建仁寺
柏屋光貞
東大路通
八坂通

丸太町通
植村義次
松屋常盤
竹屋町通
竹屋町通
丸太町駅
油小路通
小川通
西洞院通
釜座通
新町通
衣棚通
室町通
両替町通
車屋町通
東洞院通
間之町通
高倉通
堺町通
柳馬場通
夷川通
豆政
二条城
地下鉄烏丸線
二条通
二條若狭屋
京都国際ホテル
亀屋伊織
ANAクラウンプラザホテル京都
京菓子匠 源水
亀廣保
本家尾張屋
押小路通
京都国際マンガミュージアム
烏丸御池駅
二条城前駅
御池通
地下鉄東西線
亀末廣
中京区役所
姉小路通
新風館
京都文化博物館
亀屋則克
三条通
三條若狭屋
六角堂
六角通
堀川通
烏丸通
亀廣永
蛸薬師通
錦小路通
大丸京都店
大極殿本舗
亀屋良長
ラクエ四条烏丸
阪急京都線
四条通
烏丸駅
四条駅
綾小路通
仏光寺通
高辻通
大宮通
黒門通
猪熊通
岩上通
堀川通
醒ヶ井通
油小路通
東中筋通
西洞院通
若宮通
新町通
室町通
烏丸通
東洞院通
高倉通
堺町通
柳馬場通
松原通
末富

○ データは平成26年2月現在のものです。○ 期間限定店舗は除き、常設店舗のみ掲載しました。

京都駅新幹線改札内
(「京のみやげ」「古都みやび」「京老舗の味 舞妓」など)

葵家やきもち総本舗
亀屋陸奥
京阿月
聖護院八ッ橋総本店
長五郎餅本舗
京菓子司平安殿
本家八ッ橋西尾
阿闍梨餅本舗満月
亀屋良永
京都鶴屋鶴壽庵
するがや祇園下里
鶴屋吉信
宝泉堂
豆政
井筒八ッ橋本舗
亀屋良長
鼓月
大極殿本舗
西谷堂
本家尾張屋
丸太町かわみち屋
金谷正廣菓舗
甘春堂
笹屋伊織
京菓子司俵屋吉富
二條若狭屋
本家玉壽軒
吉水園

八条口アスティロード(「京名菓 大原」)

阿闍梨餅本舗満月
河道屋
鼓月
京菓子司俵屋吉富
京菓子司平安殿
豆政
井筒八ッ橋本舗
甘春堂
笹屋伊織
鶴屋吉信
本家尾張屋
丸太町かわみち屋
百万遍かぎや政秋
京阿月
聖護院八ッ橋総本店
西谷堂
本家玉壽軒
吉水園
亀屋陸奥
京都鶴屋鶴壽庵
大極殿本舗
船はしや総本店
本家八ッ橋西尾

スバコ・ジェイアール京都伊勢丹

阿闍梨餅本舗満月
河道屋
鶴屋吉信
亀屋陸奥
鼓月
二條若狭屋
亀屋良永
笹屋伊織
本家尾張屋
亀屋良長
京菓子司俵屋吉富
豆政

近鉄名店街「みやこみち」ハーベス京都店

阿闍梨餅本舗満月
亀屋陸奥
京都鶴屋鶴壽庵
京菓子司俵屋吉富
船屋秋月
吉水園
井筒八ッ橋本舗
亀屋良長
鼓月
長五郎餅本舗
本家玉壽軒
百万遍かぎや政秋
甘春堂
聖護院八ッ橋総本店
鶴屋吉信
豆政
金谷正廣菓舗
京阿月
大極殿本舗
西谷堂
丸太町かわみち屋

京都駅 KIOSK

井筒八ッ橋本舗
京菓子司俵屋吉富
丸太町かわみち屋
鼓月
鶴屋吉信
笹屋伊織
本家八ッ橋西尾
聖護院八ッ橋総本店
豆政

京都駅周辺売店

ジェイアール京都伊勢丹

阿闍梨餅本舗満月
亀屋良永
笹屋伊織
千本玉壽軒
鶴屋寿
二條若狭屋
吉水園
井筒八ッ橋本舗
亀屋良長
塩芳軒
京菓子司俵屋吉富
鶴屋吉信
本家尾張屋
亀屋清永
河道屋
聖護院八ッ橋総本店
長久堂
とらや
本家八ッ橋西尾
亀屋陸奥
鼓月
するがや祇園下里
長五郎餅本舗
西谷堂
豆政

京都駅ビル専門店街ザ・キューブ（1F「京名菓」B1F「京名菓 匠味」）

葵家やきもち総本舗
百万遍かぎや政秋
亀屋良長
京都鶴屋鶴壽庵
三條若狭屋
大極殿本舗
西谷堂
京菓子司平安殿
豆政
阿闍梨餅本舗満月
金谷正廣菓舗
河道屋
鼓月
塩芳軒
京菓子司俵屋吉富
二條若狭屋
本家尾張屋
丸太町かわみち屋
井筒八ッ橋本舗
亀屋陸奥
甘春堂
笹屋伊織
聖護院八ッ橋総本店
長久堂
尾州屋老舗
本家玉壽軒
吉水園
老松
亀屋良永
京阿月
笹屋湖月
千本玉壽軒
鶴屋吉信
船屋秋月
本家八ッ橋西尾

京都駅前地下街ポルタ（「京名菓」）

葵家やきもち総本舗
百万遍かぎや政秋
亀屋良長
京都鶴屋鶴壽庵
三條若狭屋
大極殿本舗
二條若狭屋
京菓子司平安殿
豆政
阿闍梨餅本舗満月
金谷正廣菓舗
河道屋
鼓月
塩芳軒
京菓子司俵屋吉富
尾州屋老舗
本家尾張屋
丸太町かわみち屋
井筒八ッ橋本舗
亀屋陸奥
甘春堂
笹屋伊織
聖護院八ッ橋総本店
長久堂
船はしや総本店
本家玉壽軒
吉水園
老松
亀屋良永
京阿月
笹屋湖月
千本玉壽軒
西谷堂
船屋秋月
本家八ッ橋西尾

京都タワー 1F 名店街

尾州屋老舗

■洛北■

■洛南■

■洛西■

地域別店舗索引

■洛中■

■洛東■

な

は

ま

や

○本文中、写真で紹介した菓子名（季節の銘は除く）を掲載しています。

菓子名別索引

鈴木宗康（すずき・そうこう）

1926～2008年、京都府生まれ。江戸菓子司鈴木越後十代目。和菓子研究家、裏千家名誉教授。茶道教授のかたわら、和菓子を研究し、『茶菓子の話』『茶の菓子』『茶菓子十二ヶ月』『茶の湯菓子』『京・銘菓案内』（以上淡交社刊）などを著した。

鈴木宗博（すずき・そうはく）

1963年、京都府生まれ。宗康氏・長男。裏千家教授、志倶会会員。淡交会京都北支部常任幹事。裏千家学園講師。祇園東歌舞会で茶道指導を行うほか、京都アスニー・山科アスニーなどで講師をつとめる。2014年淡交テキスト『茶席の菓子』に執筆。

鈴木宗博

撮影／大喜多政治
写真協力／竹前朗（P.21夏柑糖、P.44店舗写真）
写真提供／各店舗写真（P.8 阿闍梨餅本舗満月、P.152 丸太町かわみち屋、P.164 緑寿庵清水）
井筒八ッ橋本舗（P.15 夕霧、井筒八ッ橋）
撮影協力／器　前端雅峯・春斉（P.141下／雅峯作　潤塗銘々盆）
麻布　株式会社中川政七商店

京都 和菓子めぐり

平成26年4月26日　初版発行

著　　者　鈴木宗康・鈴木宗博

発 行 者　納屋嘉人
発 行 所　株式会社　淡交社
本社　〒603-8588　京都市北区堀川通鞍馬口上ル
営業　（075）432-5151　編集　（075）432-5161
支社　〒162-0061　東京都新宿区市谷柳町39-1
営業　（03）5269-7941　編集　（03）5269-1691
http://www.tankosha.co.jp
印刷・製本　図書印刷株式会社
デザイン　中井康史・三上照正（キャスト・アンド・ディレクションズ）

ISBN978-4-473-03944-6